数学涂色书

邀请您给 60 个数学经典图案涂上色彩

[比利时] 德克·惠尔布鲁克——著
杨大地——译

重庆大学出版社

图书在版编目（CIP）数据

数学涂色书：邀请您给 60 个经典数学图案涂上色彩 /
(比) 德克 · 惠尔布鲁克著；杨大地译 . -- 重庆：重庆
大学出版社，2024.6
ISBN 978-7-5689-4473-1

I . ①数… II . ①德… ②杨… III . ①数学—普及读
物 IV . ① O1-49

中国国家版本馆 CIP 数据核字 (2024) 第 093670 号

数学涂色书
SHUXUE TUSESHU
[比利时] 德克 · 惠尔布鲁克 著
杨大地 译

责任编辑：王思楠
责任校对：谢 芳
责任印制：张 策
装帧设计：武思七

重庆大学出版社出版发行
出版人：陈晓阳
社址：(401331) 重庆市沙坪坝区大学城西路 21 号
网址：http://www.cqup.com.cn
印刷：当纳利（广东）印务有限公司

开本：787mm×1092mm 1/16 印张：9.375 字数：118千
2024年6月第1版 2024年6月第1次印刷
ISBN 978-7-5689-4473-1 定价：78.00元

序

亲爱的读者：

在你面前的是我们的第一本数学涂色书，由比利时数学家德克·惠尔布鲁克撰写。它独特的选题，精妙的构思，会让你爱不释手。你可以打开书本，激发想象，边玩边乐地给数学图案信手涂上自己心仪的色彩。这本书创造性地向你介绍了知名的和不太知名的数学经典故事和图案。从毕达哥拉斯定理到π的100位小数，从滚动的圆圈到14个角的星星……通过对数学图形的涂色，你会在图案、公式和抽象空间的结合中感受到数学的绚丽多彩和无穷乐趣。

此外，在本书的后半部分，作者为那些喜欢钻研奇妙数学世界的人提供了每一个图案的详细数学解释。这本书对所有读者——不管你是绘画高手，还是喜欢涂色的孩子，甚至是超级数学迷——都提供了探索的机会。让我们准备好彩笔，开始涂色探索吧！

Academia出版社编辑团队

目 录

1

平面镶嵌图案

正方形和正三角形瓷砖的镶嵌图案

彭罗斯的非周期性镶嵌图案

两个对称的镶嵌路面图案

使用三种正多边形的镶嵌图案

正三角形、正六边形和正方形的镶嵌图案

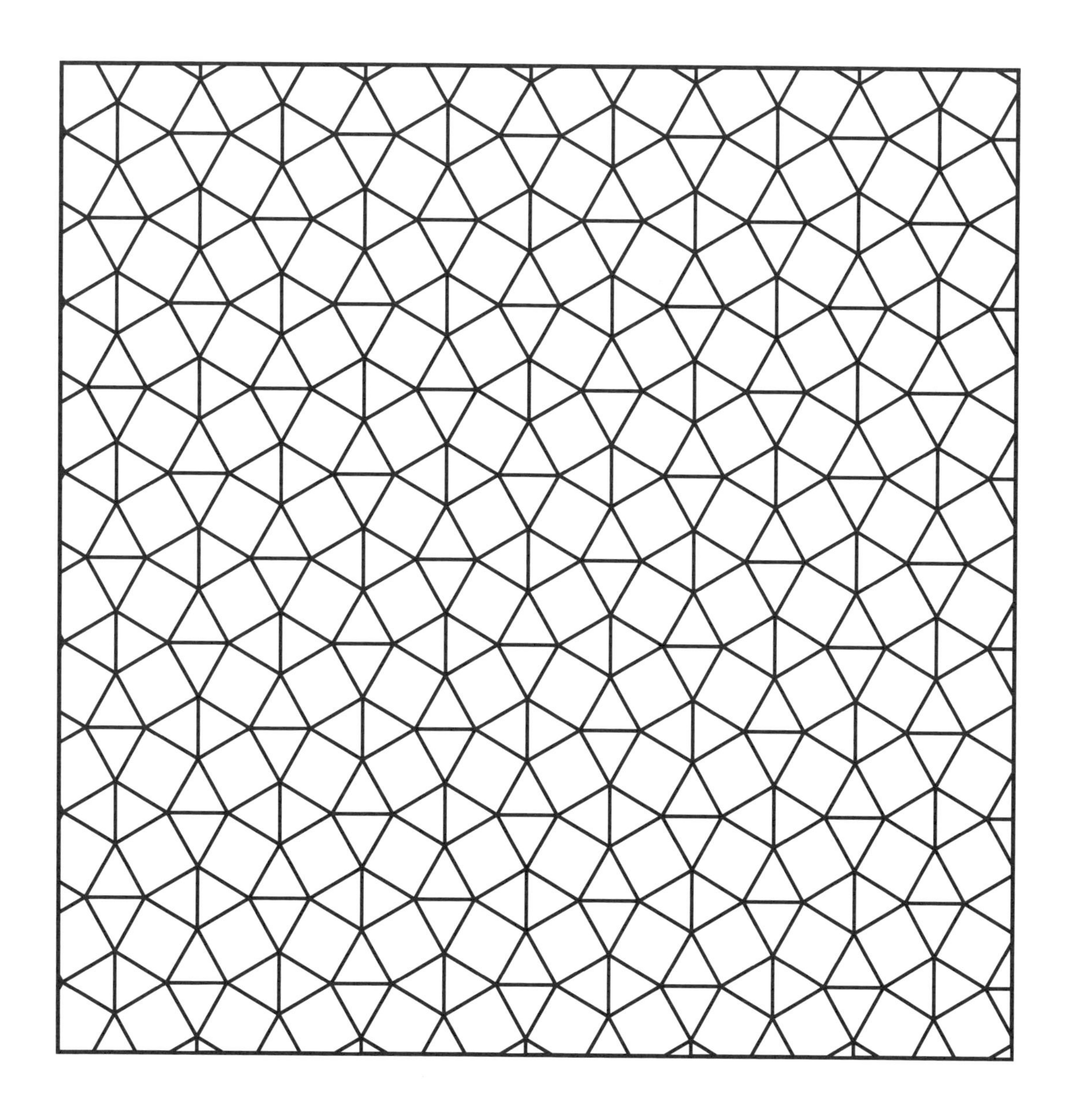

正方形和正三角形瓷砖的镶嵌图案

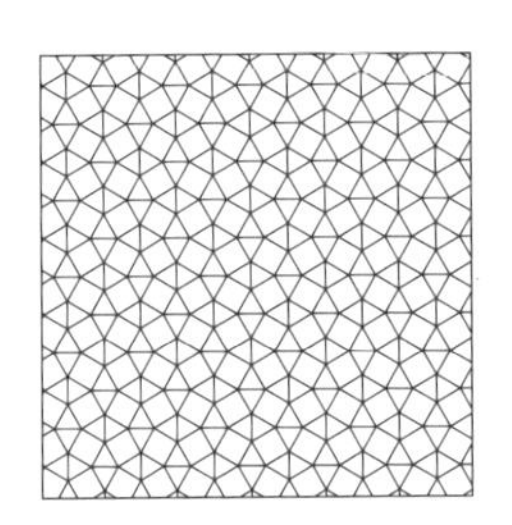

正方形和正三角形瓷砖的镶嵌图案

在这个镶嵌图案中，你找不到重叠的瓷砖。在每个结点上，都有 2 个正方形和 3 个正三角形瓷砖相接触。这是“周期性镶嵌”的一个例子，因为它一遍又一遍地重复着同样的排列。

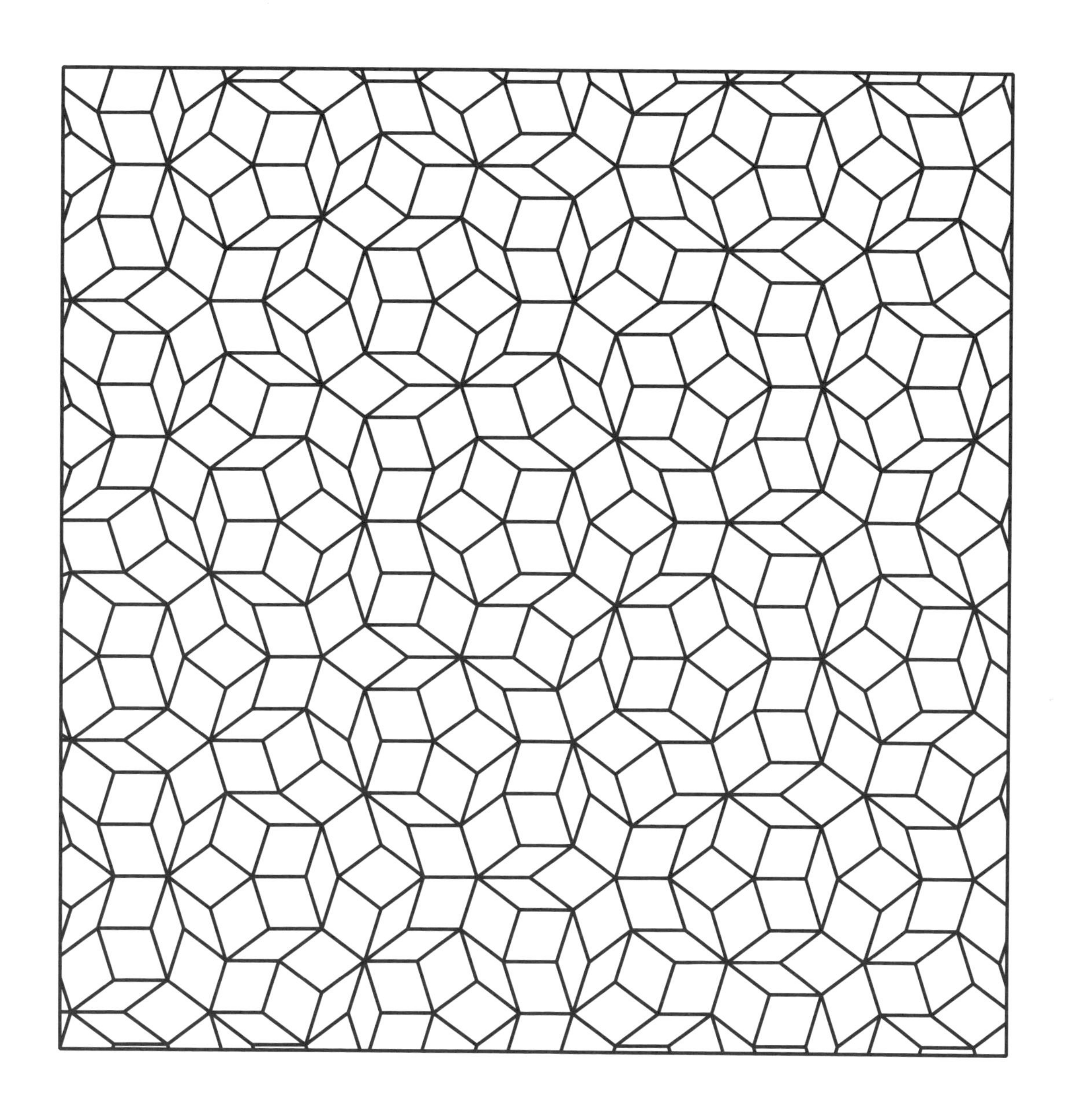

彭罗斯的非周期性镶嵌图案

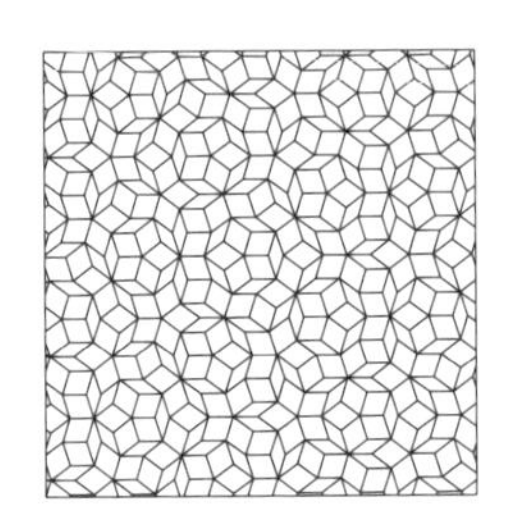

彭罗斯的非周期性镶嵌图案

和前面的瓷砖镶嵌图案一样，这种镶嵌图案也只使用了两种形状的瓷砖，它们都是边长为 1 的菱形，其中之一的对角线的长度为 1.618…(黄金比率)和 0.618…(黄金比率的倒数)。这是一种非周期性的镶嵌图案，因为无论你如何平行移动部分图案，图案都不会重复。2020 年诺贝尔物理学奖得主罗杰·彭罗斯在 20 世纪 70 年代研究了这种镶嵌模式。多年后，这一图案出现在了“准晶体”结构中，研究它的化学家丹尼尔·舍特曼因此在 2011 年获得了诺贝尔化学奖。

两个对称的镶嵌路面图案

两个对称的镶嵌路面图案

这个周期性的镶嵌图案在每个结点有 4 个三角形和 1 个六边形，并且有一条垂直的中心轴。左半图和右半图成镜像对称，它们虽然非常相似，但实际上是不同的，两边不能通过平移而重合。

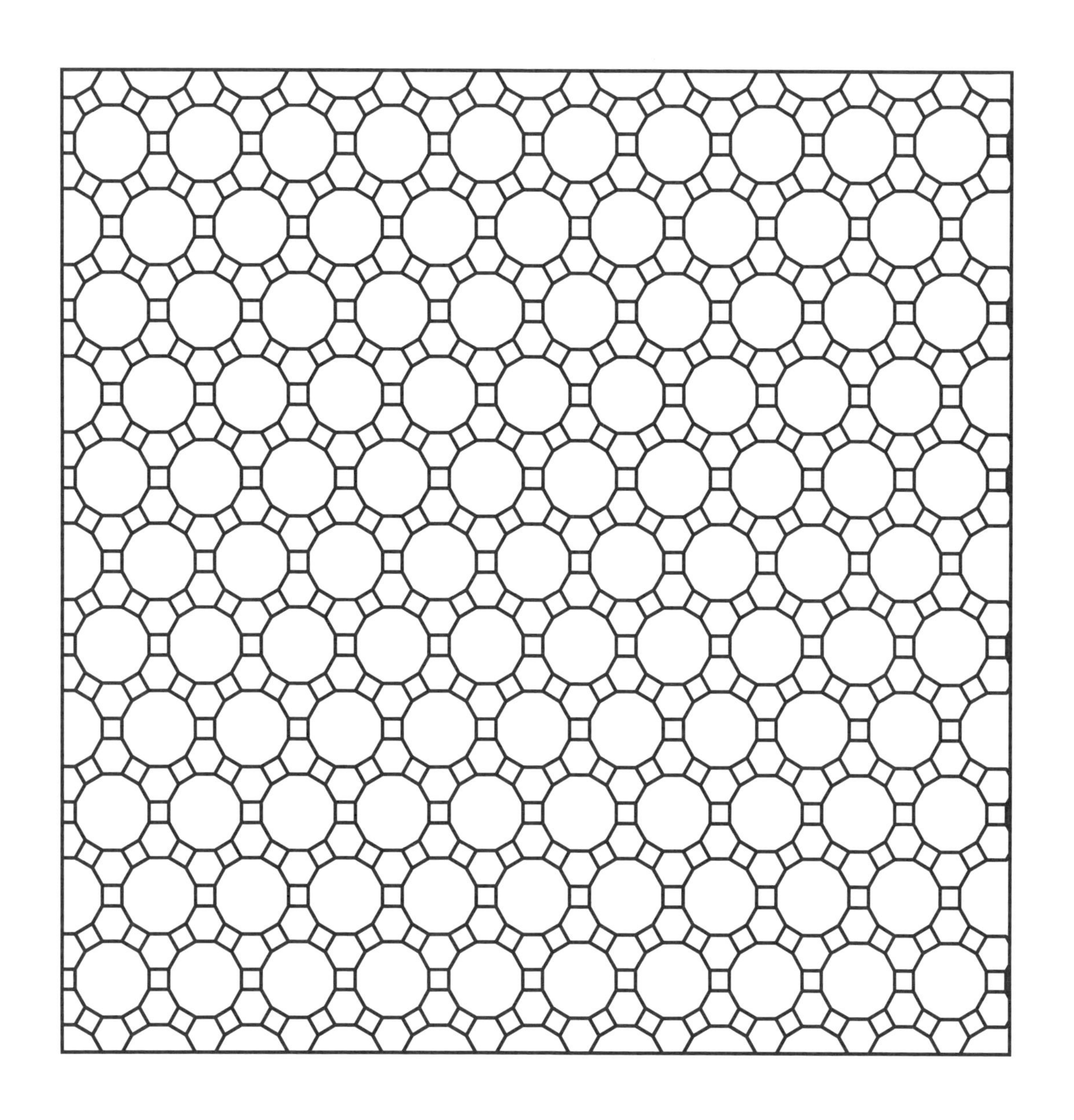

使用三种正多边形的镶嵌图案

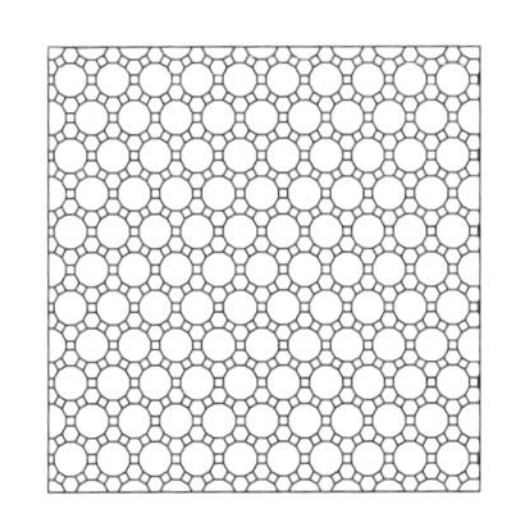

使用三种正多边形的镶嵌图案

总的来讲，只有 11 种使用正多边形的镶嵌图案：有 3 种只使用一种正多边形，它们分别是正三角形、正方形或正六边形，有 8 种使用 2 种或 3 种正多边形。这幅图显示了一种使用 3 种不同的正多边形的情况。在每个结点上有一个正方形、一个正六边形和一个正十二边形。

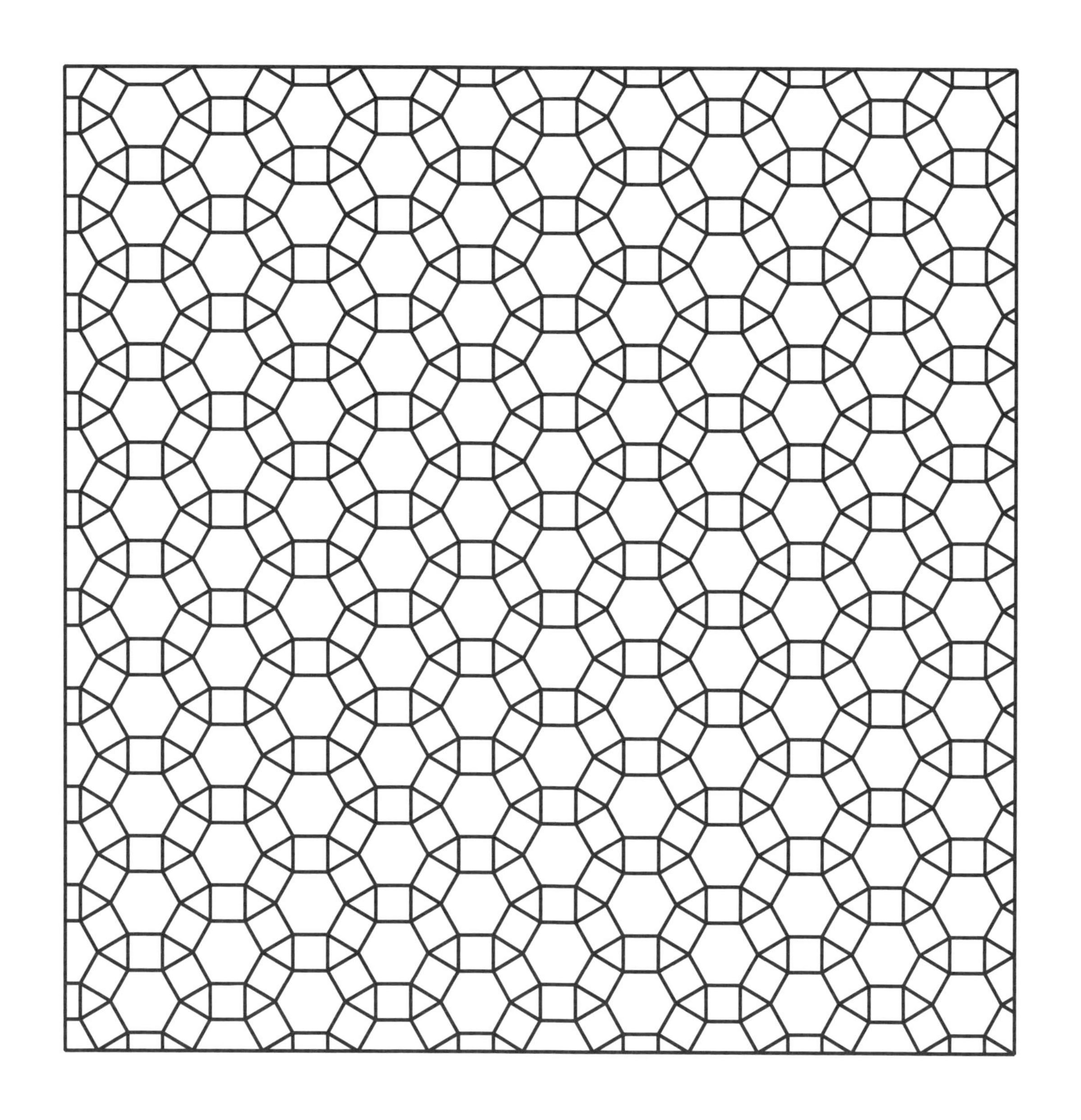

正三角形、正六边形和正方形的镶嵌图案

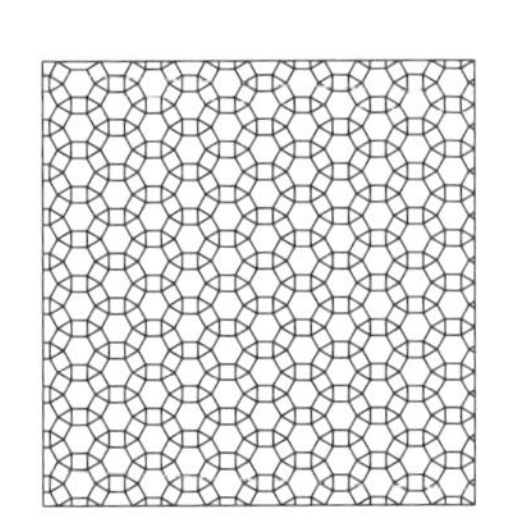

正三角形、正六边形和正方形的镶嵌图案

像上面的镶嵌一样，这种镶嵌在结点上也有 3 种不同的多边形：正三角形、正六边形和正方形，但正方形在每个结点上出现了 2 次。

2

正方形排列和文恩图

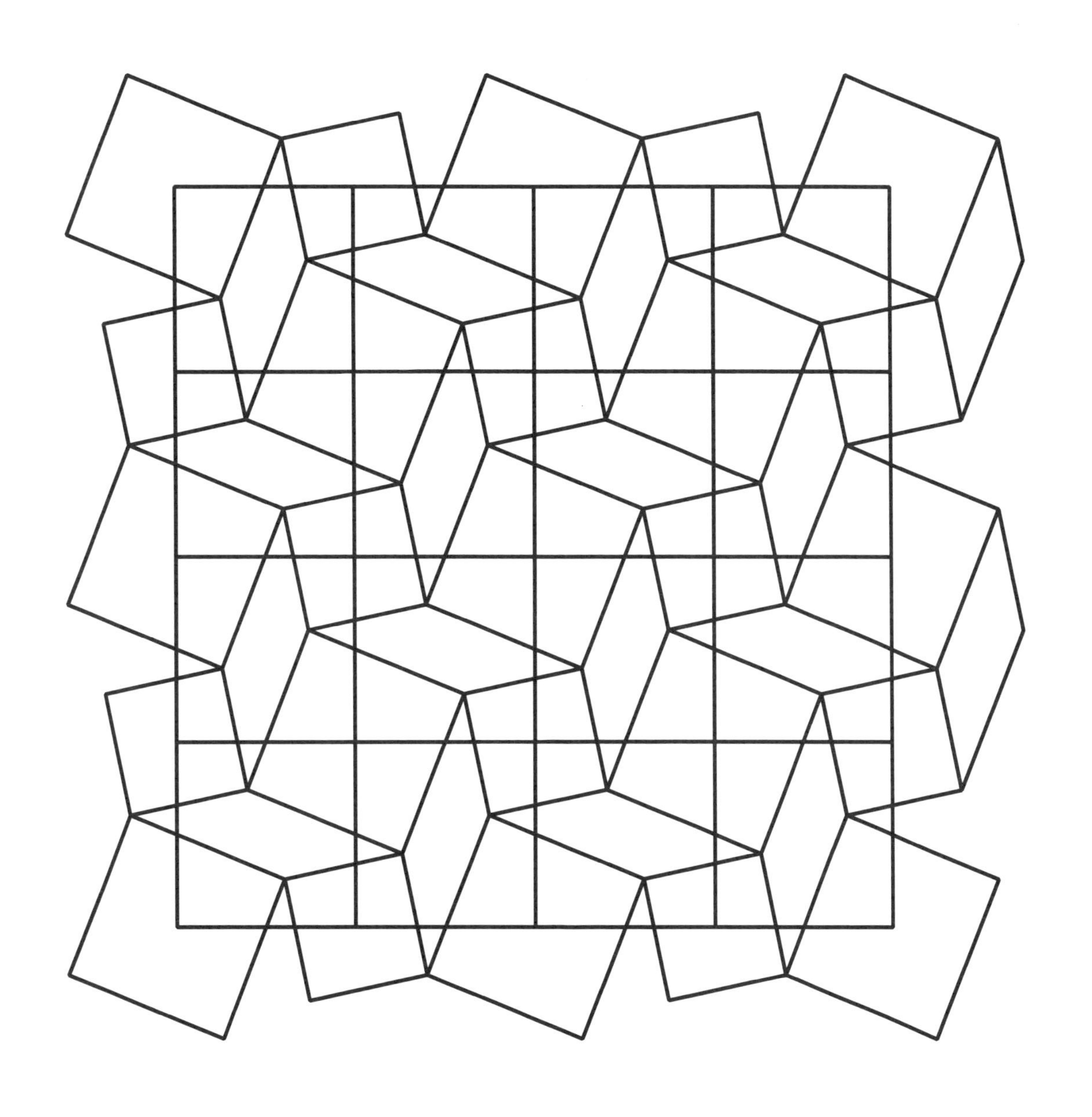

围绕平行四边形的方格中心

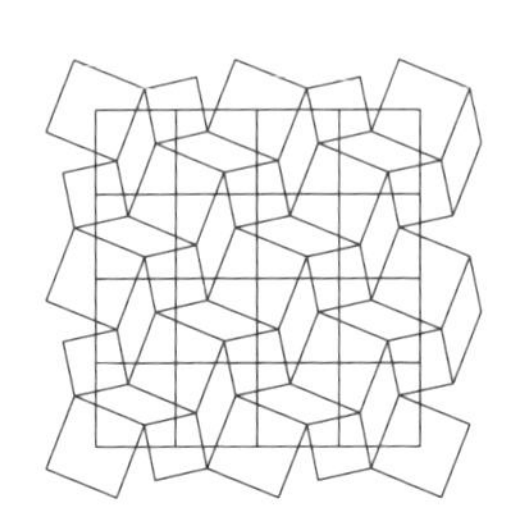

围绕平行四边形的方格中心

在平行四边形的每一边都放置一个正方形。这 4 个正方形的中心连在一起形成了一个正方形。将这些平行四边形和正方形延伸就获得了这个图形。

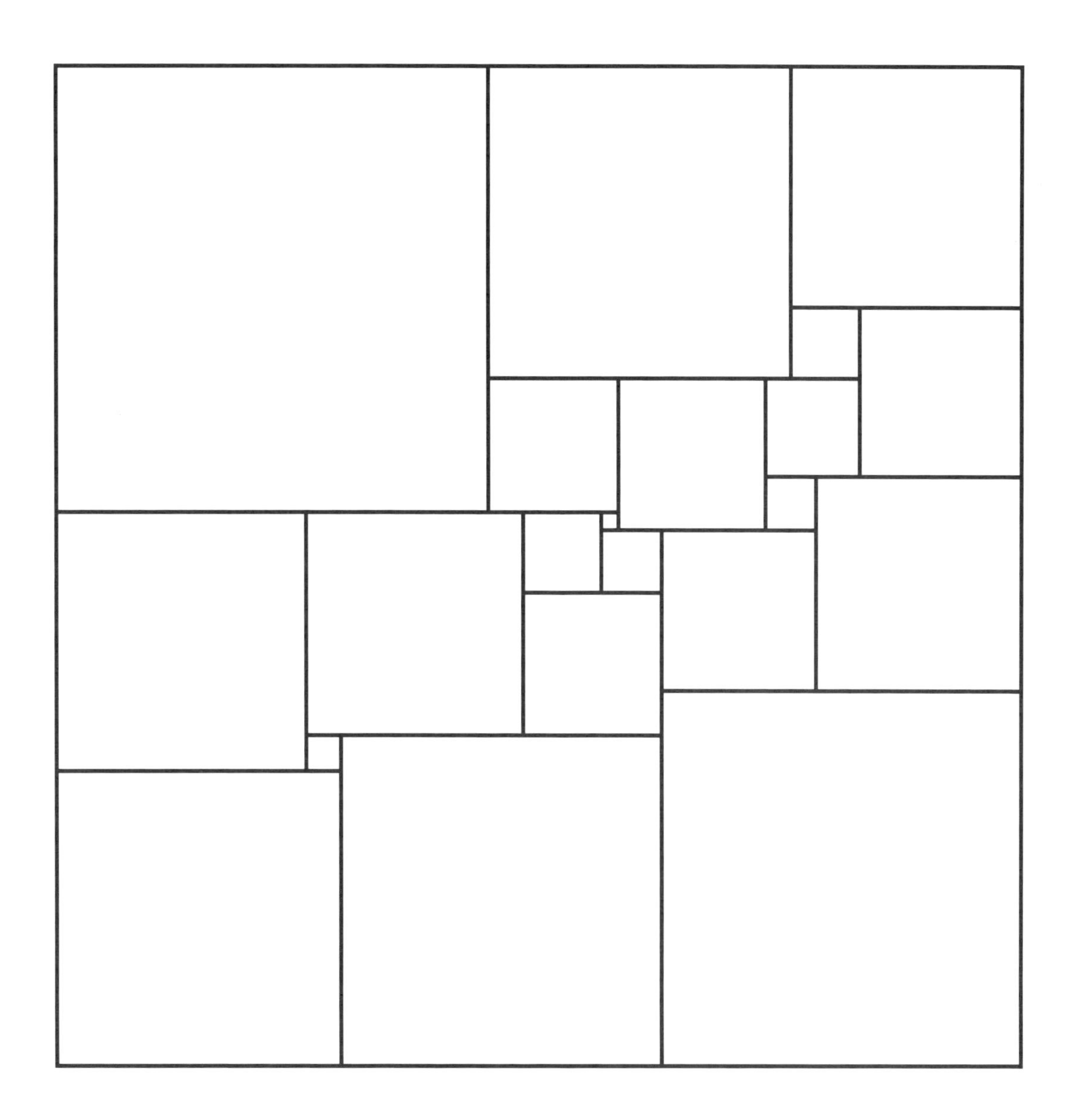

21阶的完美正方形

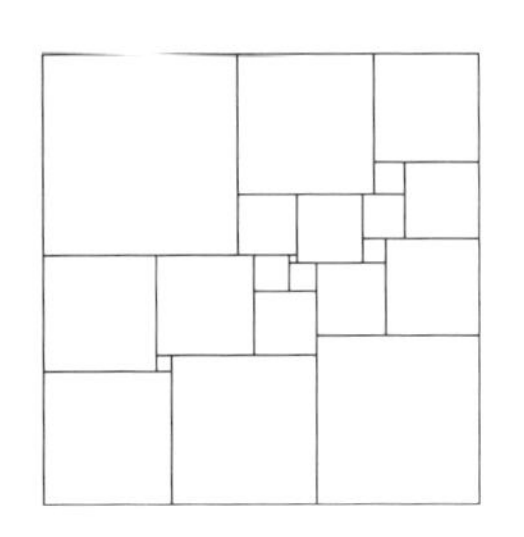

21阶的完美正方形

把一个正方形分割成边长为不同自然数的小正方形是很困难的，比分割一个矩形更困难。这样的正方形称为完美正方形。1978 年，荷兰人 A.J.W. 杜伊杰斯廷发现并描述了最小的完美正方形：一个边长为 112 的正方形，被分割成了 21 个不同的小正方形，它们的边长都是自然数。

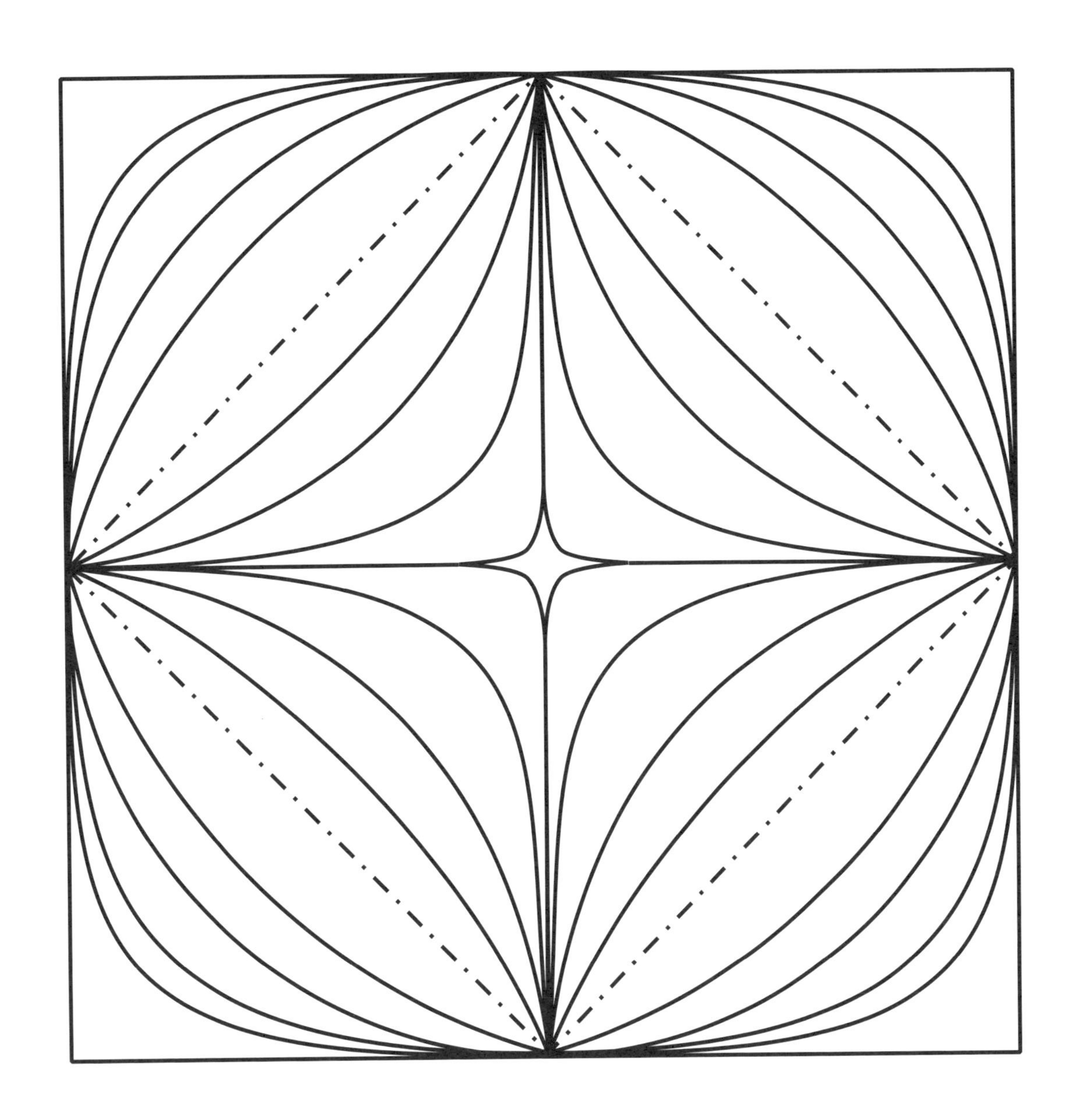

超椭圆

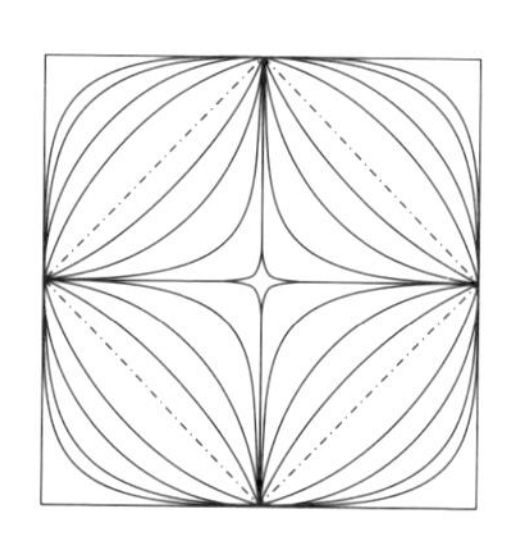

超椭圆

从最大的正方形往里数，首先出现的是两个超椭圆，然后是一个圆，再后是一个次椭圆，然后是另一个正方形（以点画线表示），最后是4个次椭圆。它们都是超椭圆的例子，由方程式$|x|^n+|y|^n=1$给出。当$n>2$时，是超椭圆，形状比圆更“方”一些；当$n=2$，它就是一个圆，当$n<2$，它们被称为次椭圆；当n越来越小时，次椭圆的形状更近似于交叉的四角星（当$n=1$时，则对应于点画线表示的正方形）。

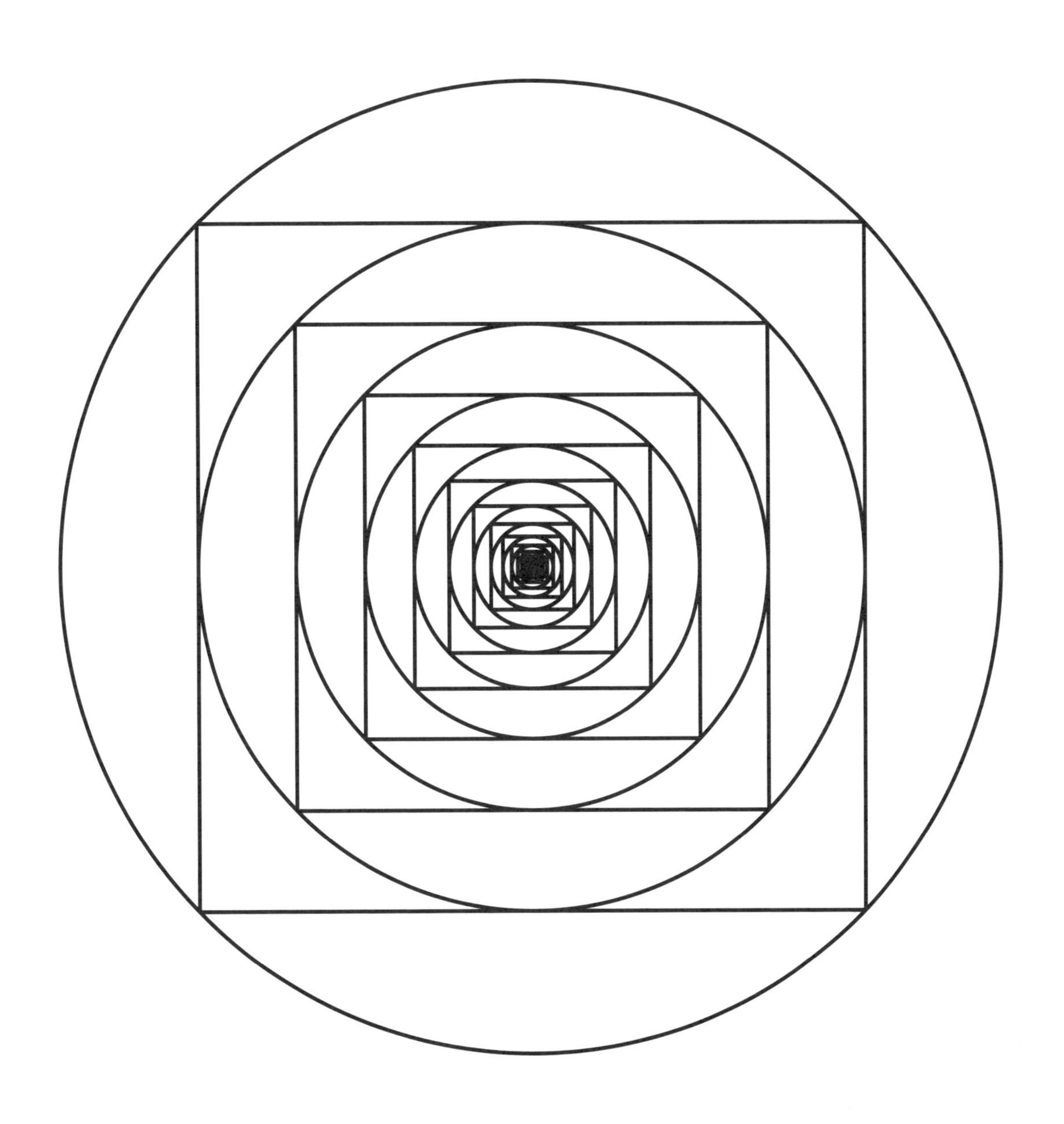

圆中有方，方中有圆

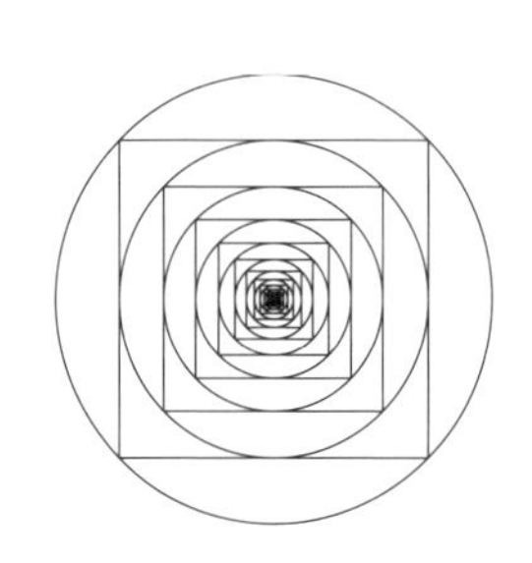

圆中有方，方中有圆

在本图中，你可以看到圆的内接正方形和正方形的内切圆。里面圆的面积总是外面那个圆面积的一半。同样，里面正方形的面积总是外面那个正方形面积的一半。

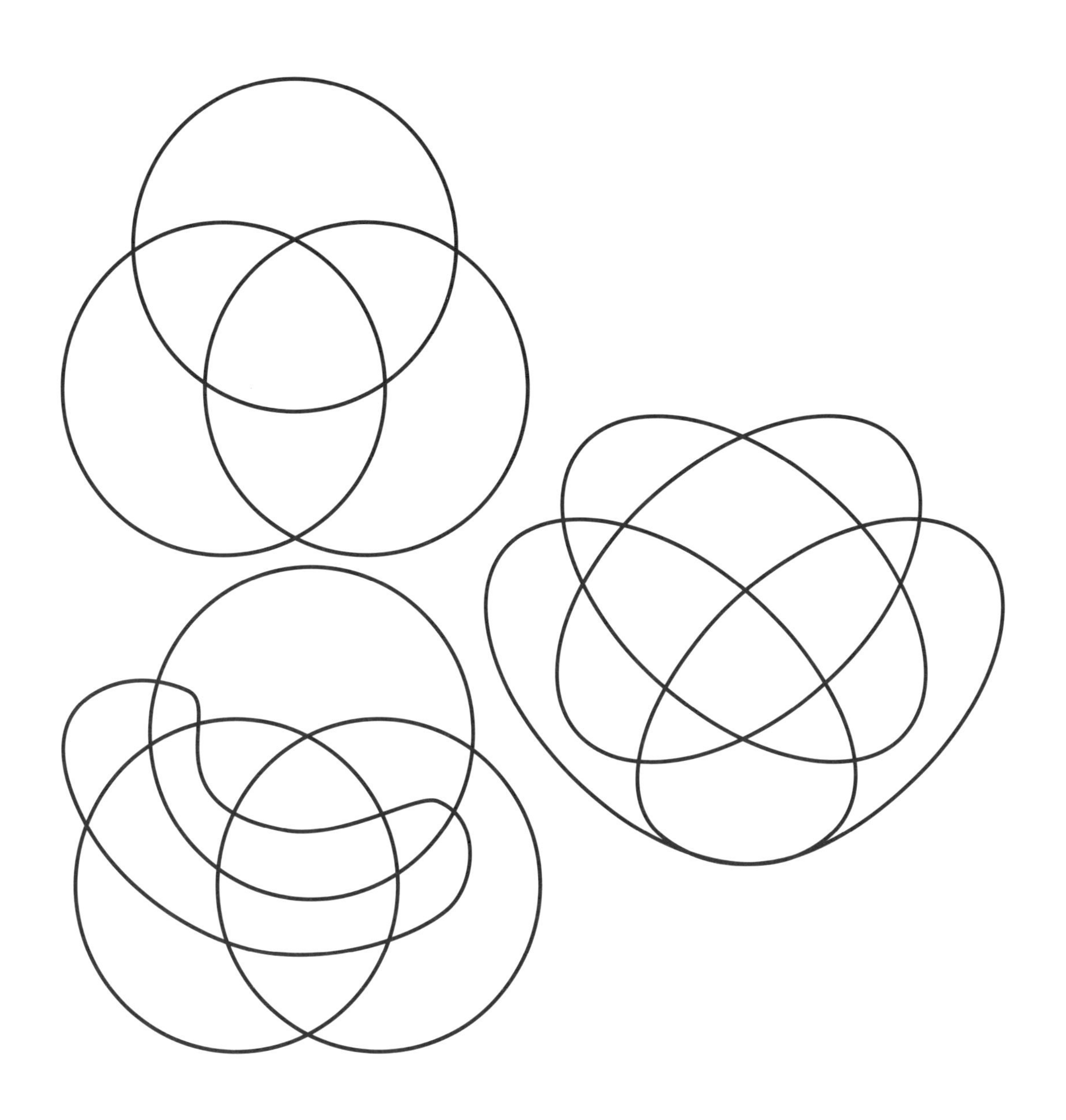

三阶和四阶的文恩图

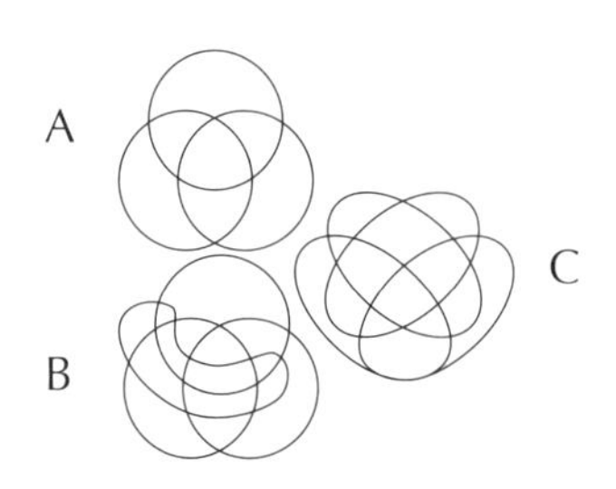

三阶和四阶的文恩图

可以很容易地绘制出由 3 个圆形表示的三阶文恩图，它们有不重叠的区域，有 2 个圆重叠的区域，还有 3 个圆都重叠的区域。但四阶文恩图并不能用 4 个圆形表示出来。上图中的 B 显示了四阶文恩图的一种表达方式，其中 3 个集合都用圆表示，第四个集合则无法用圆表示。C 是四阶文恩图的椭圆表达方式。4 个椭圆中有时互相不重叠，有时只有两两重叠，有时有 3 个重叠，而在“最中间”，4 个椭圆都重叠。

3

多边形

三角形中的三角形

正方形中的正方形

正五边形中的正五边形

圆内接的正三角形、正五边形、正七边形和正九边形

十四边形中的星星嵌套

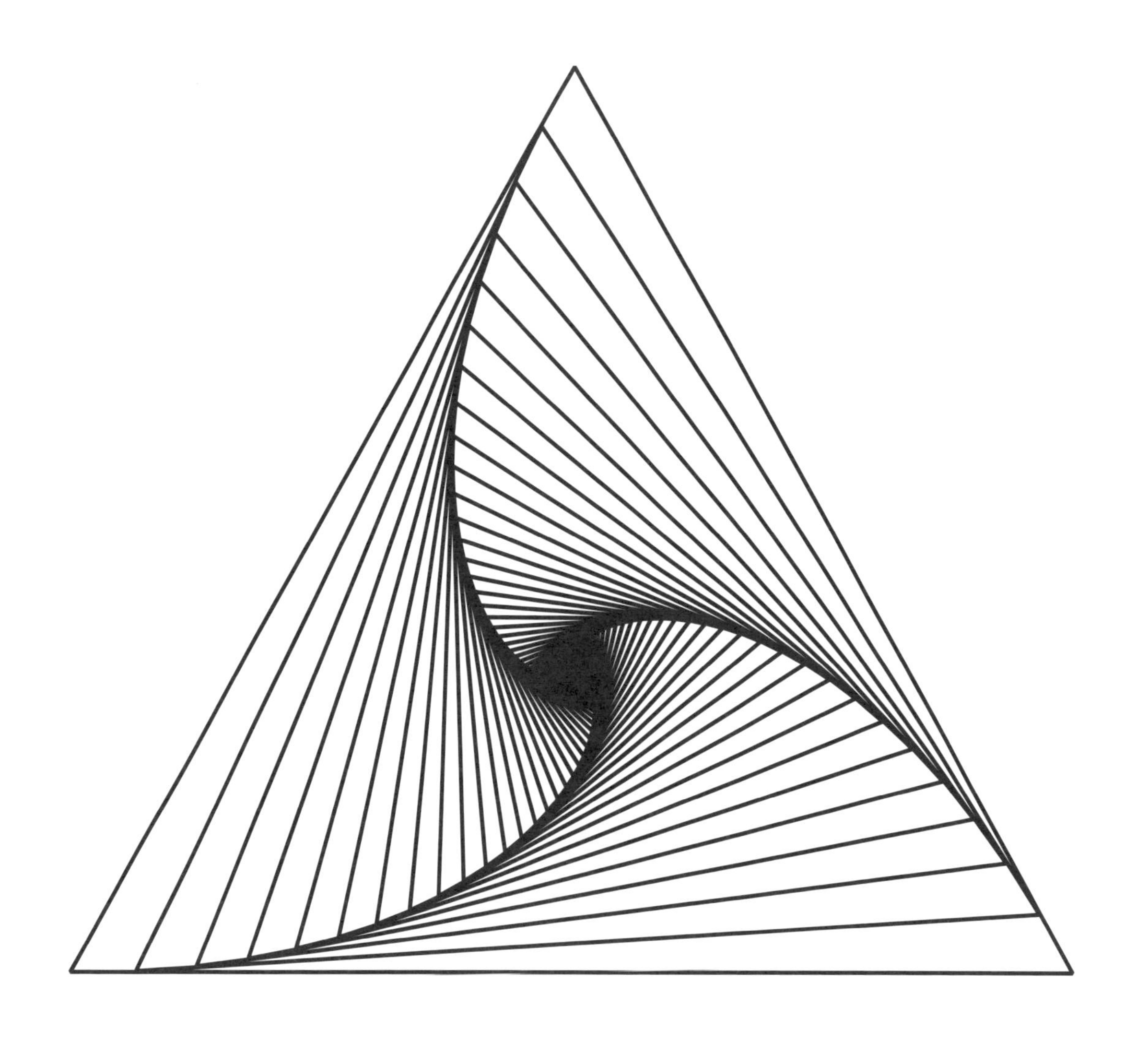

三角形中的三角形

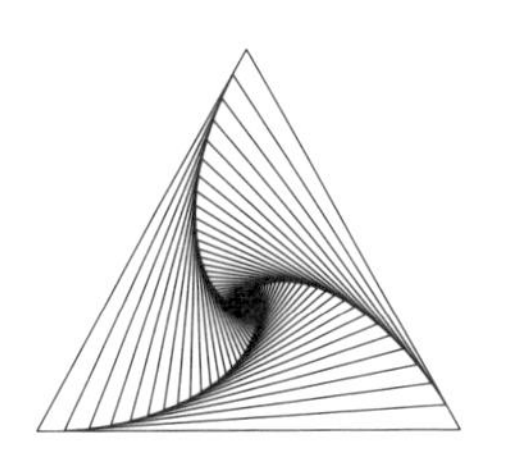

三角形中的三角形

先画一个等边三角形，再画第二个等边三角形，使它的边长稍微减小一点，比如减小 5%。两个三角形具有相同的中心，旋转较小的三角形，使它的顶点落到大的三角形的边上。用小三角形重新构造下一个三角形，不断重复……可以看到 3 条显著的螺旋线。

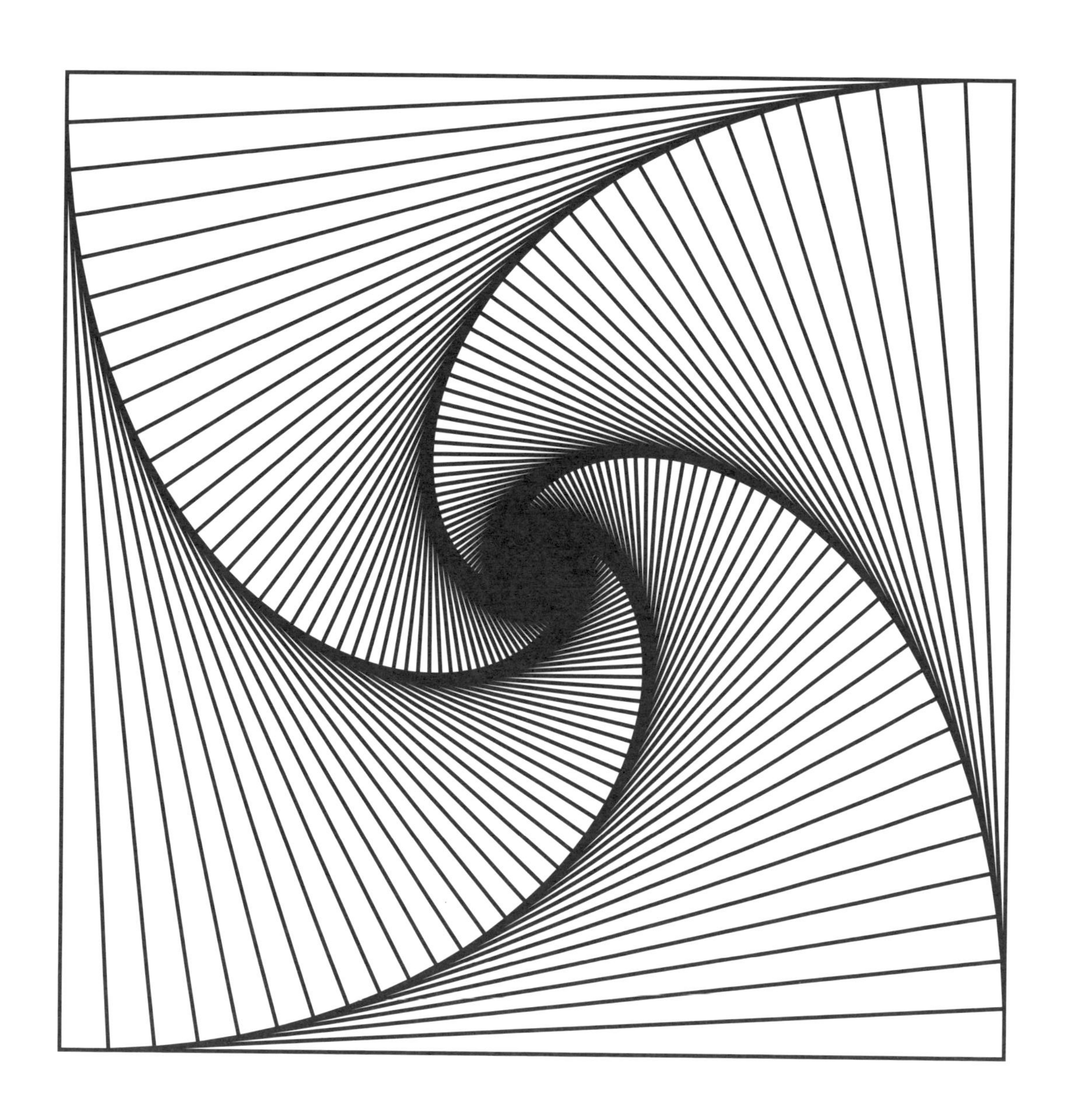

正方形中的正方形

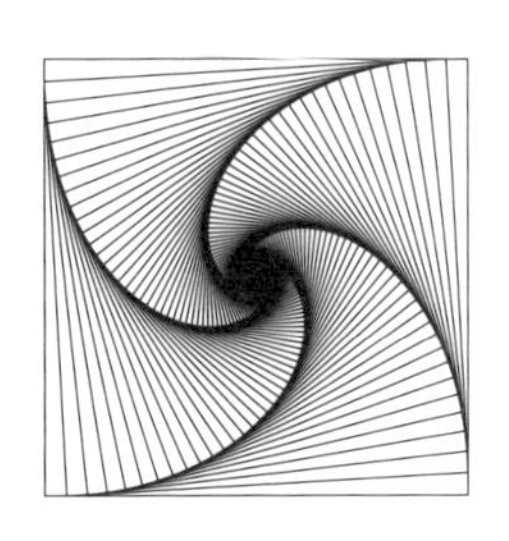

正方形中的正方形

先画一个正方形，再画第二个正方形，使它的边长稍微减小一点，比如减小 5%。两个正方形具有相同的中心，旋转较小的正方形，使它的顶点落到大的正方形的边上。用小正方形重新构造下一个正方形，不断重复……可以看到 4 条显著的螺旋线。

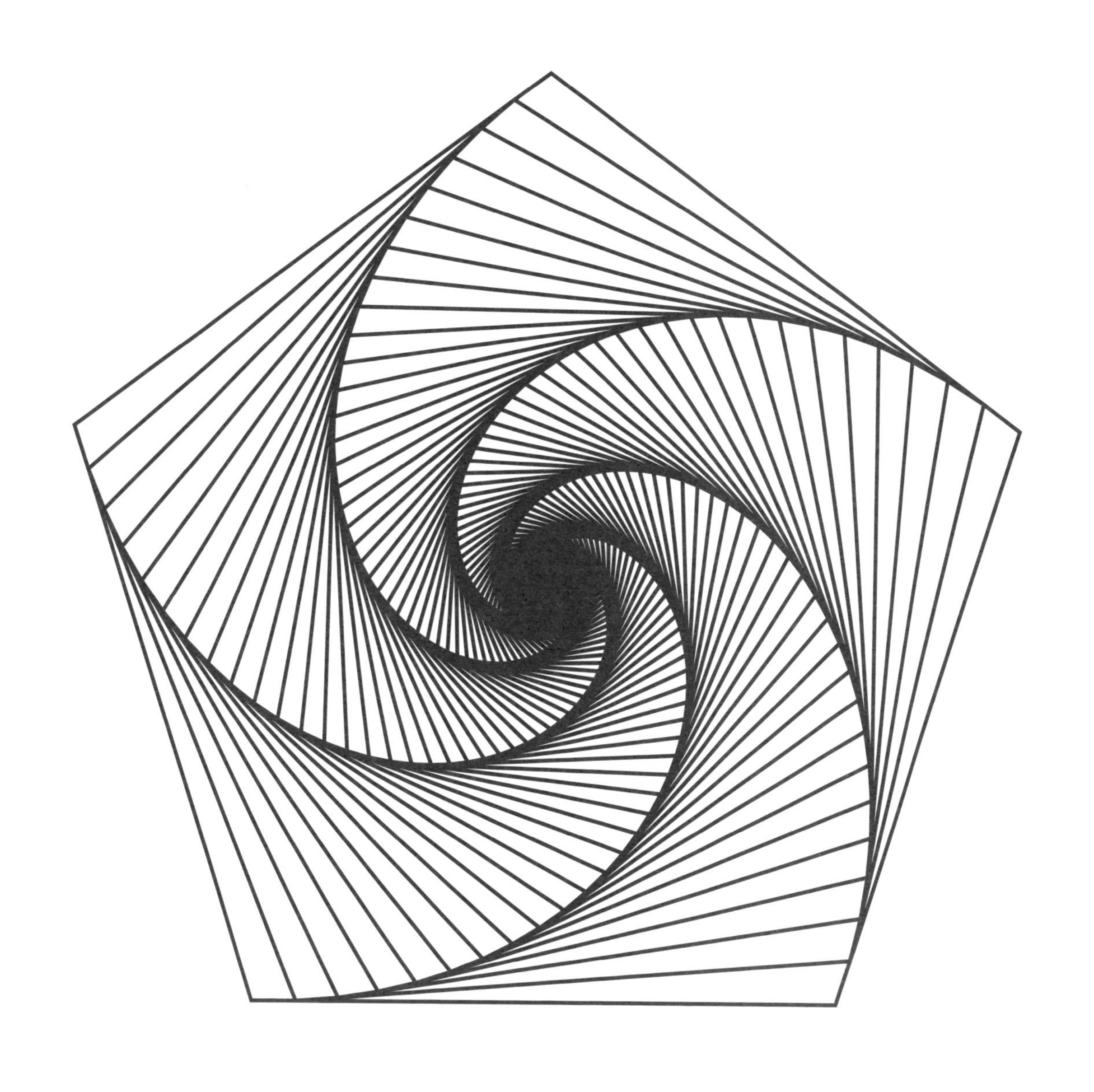

正五边形中的正五边形

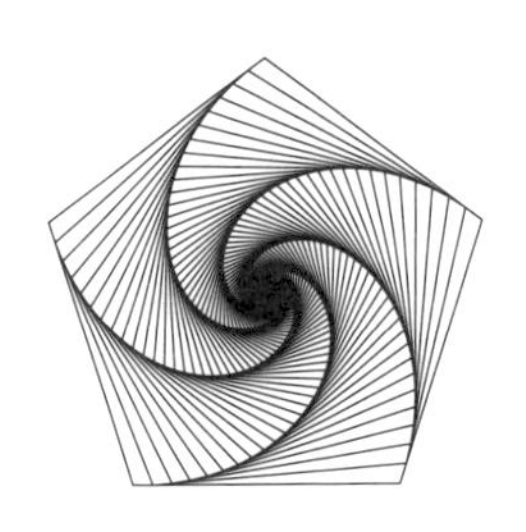

正五边形中的正五边形

先画一个正五边形，再画第二个正五边形，使它的边长稍微减小一点，比如减小 5%。两个五边形具有相同的中心，旋转较小的五边形，使它的顶点落到大的五边形的边上。用小五边形重新构造下一个五边形，不断重复……可以看到 5 条显著的螺旋线。

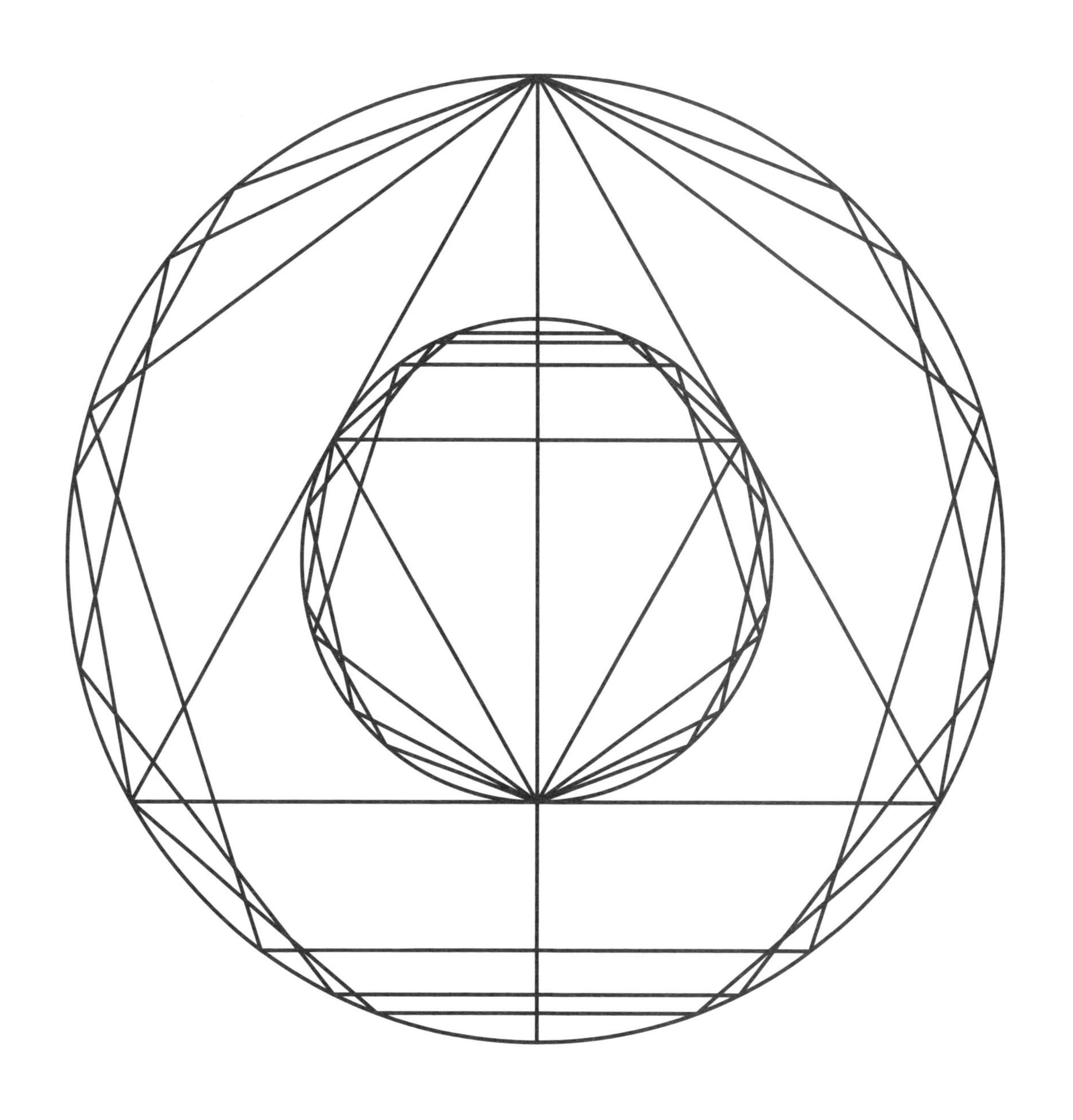

圆内接的正三角形、正五边形、正七边形和正九边形

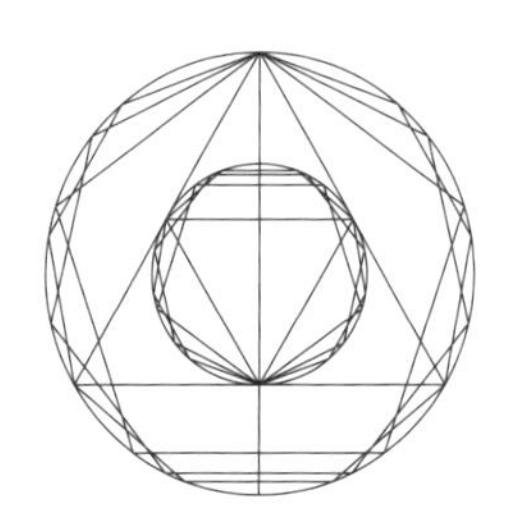

圆内接的正三角形、正五边形、正七边形和正九边形

在最大的圆中内接了一个正九边形、一个正七边形、一个正五边形和一个正三角形。在这个三角形中又内切了一个圆，圆中又内接了一个正三角形、一个正五边形、一个正七边形和一个正九边形。

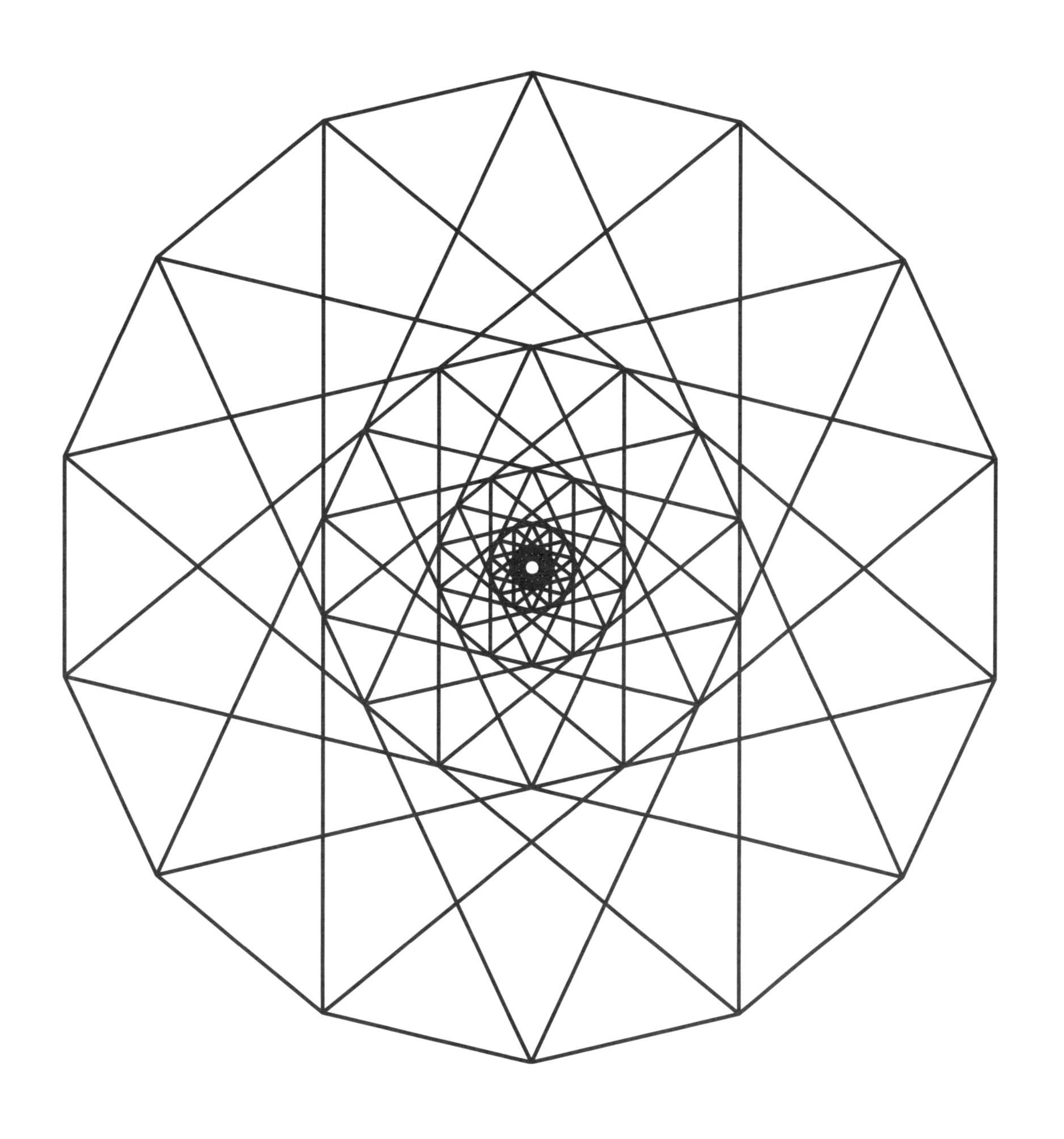

十四边形中的星星嵌套

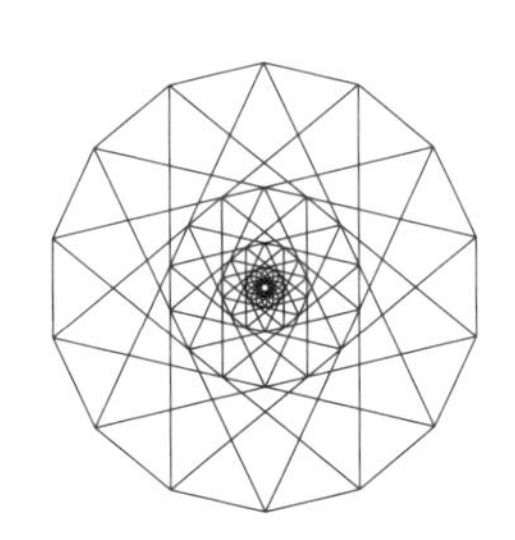

十四边形中的星星嵌套

在最大的正十四边形中有一颗连接顶点得到的十四角星。如果你从最上面的顶点开始，跳过 4 个顶点，连接到第五个顶点。然后再跳过 4 个顶点连线，以此类推……当你连了足够多的次数后，又会回到起点，然后得到一颗美丽的十四角星。在这颗星的中间又有一个正十四边形，又可以画出一颗小的十四角星。还可以继续画出第三颗、第四颗……

4

直线和曲线

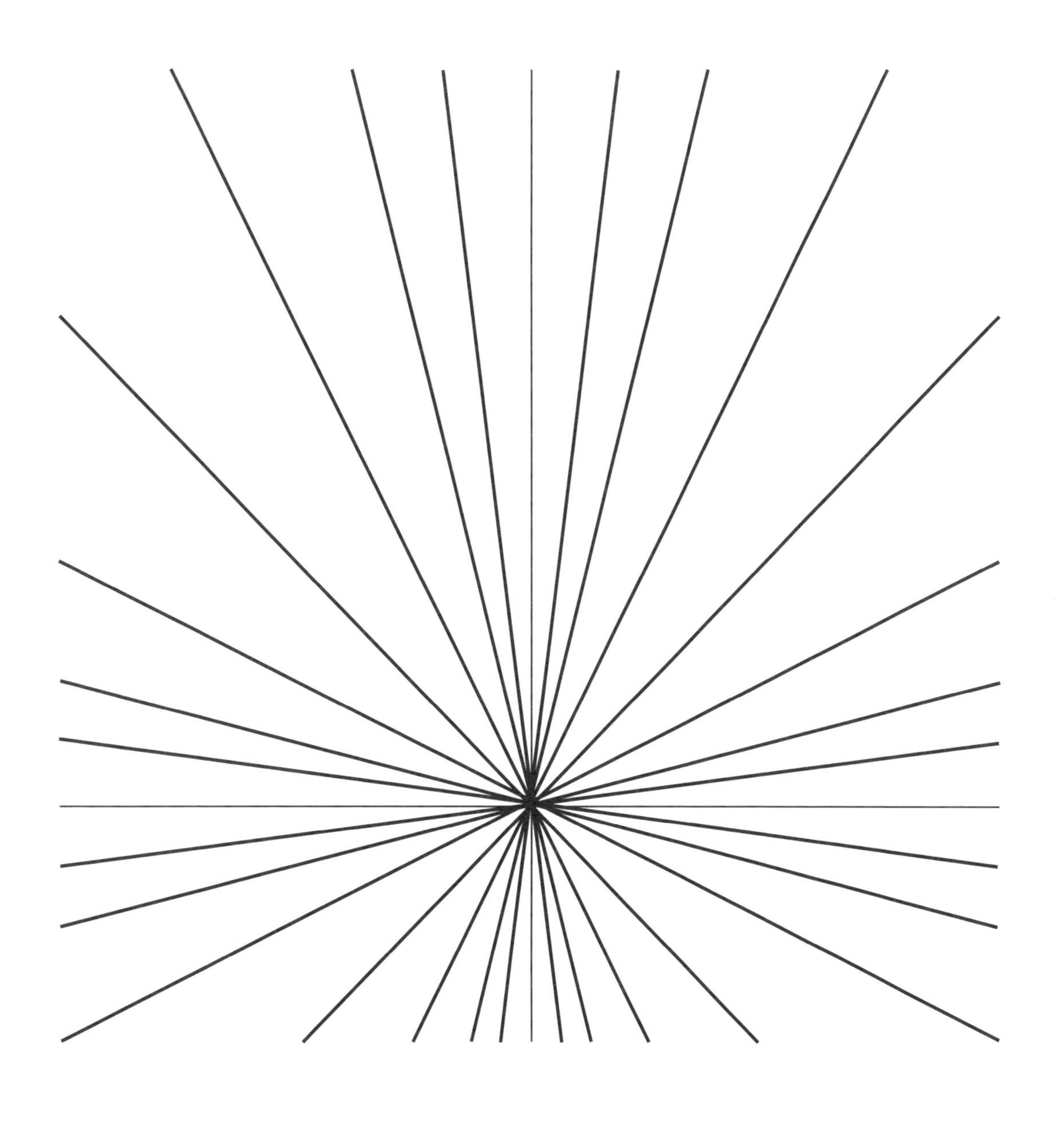

通过一点的直线簇

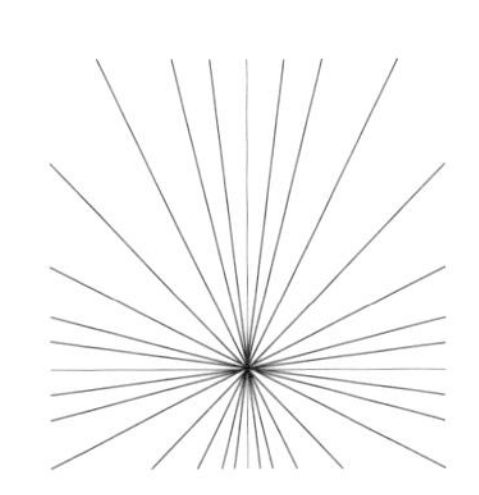

通过一点的直线簇

这幅图是用方程式 $y=x/8$，$y=x/4$，$y=x/2$，$y=x$，$y=2x$，$y=4x$，$y=8x$，$y=-x/8$，$y=-x/4$，$y=-x/2$，$y=-x$，$y=-2x$，$y=-4x$ 和 $y=-8x$ 所表示的直线。

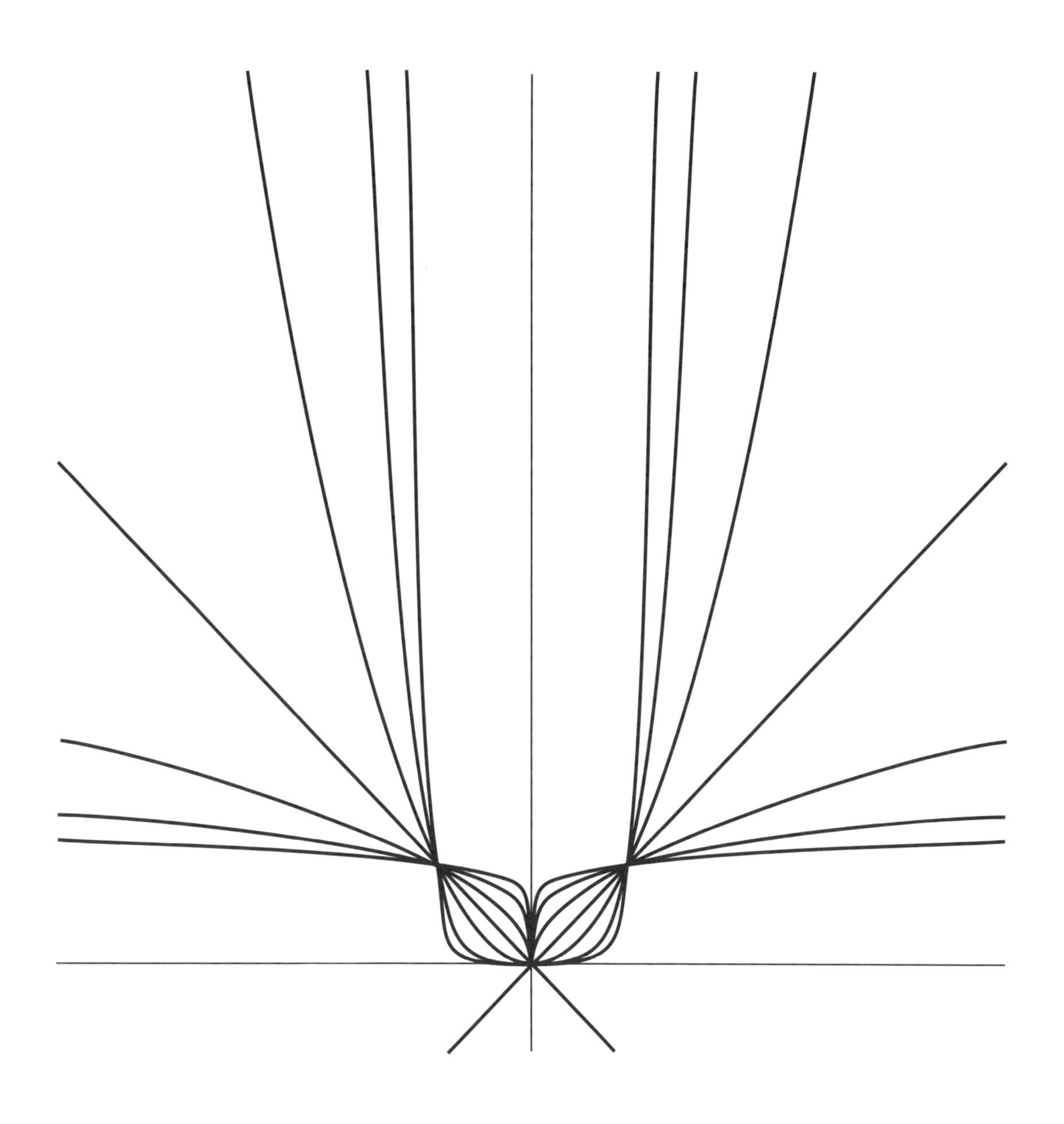

以2的幂为指数的曲线

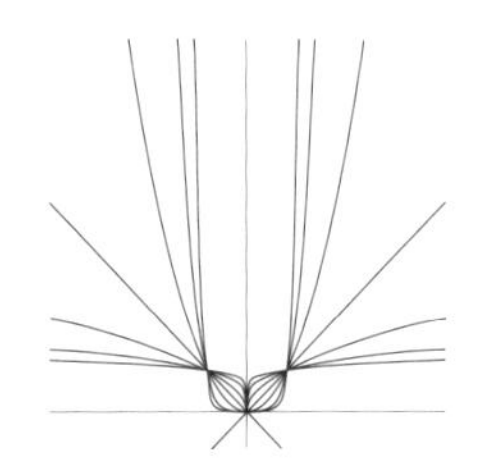

以2的幂为指数的曲线

这幅图是用方程式 $y=(-x)^{\frac{1}{8}}$, $y=(-x)^{\frac{1}{4}}$, $y=(-x)^{\frac{1}{2}}$, $y=-x$, $y=x^{\frac{1}{8}}$, $y=x^{\frac{1}{4}}$, $y=x^{\frac{1}{2}}$, $y=x$, $y=x^2$, $y=x^4$ 和 $y=x^8$ 所表示的曲线。

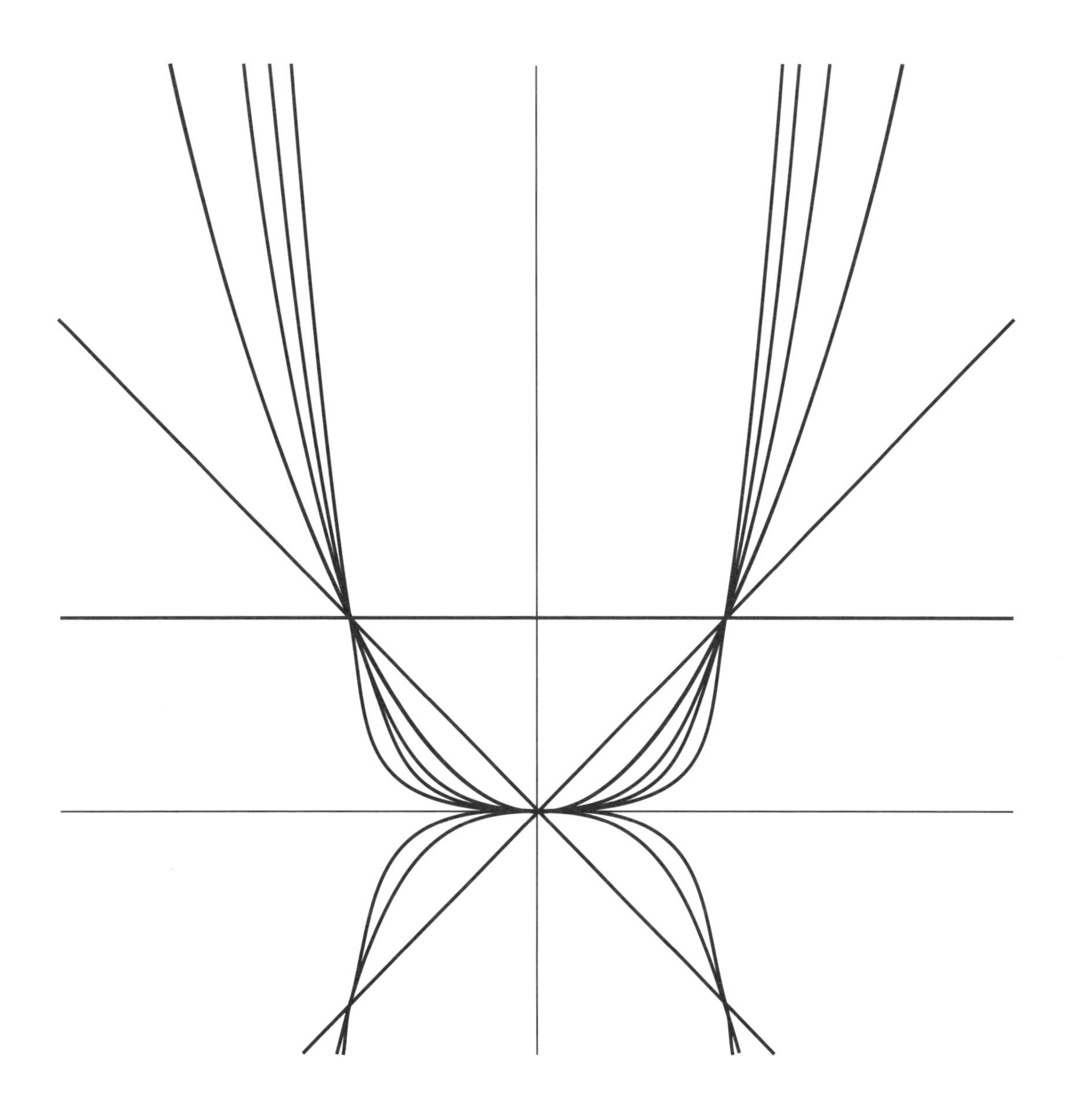

幂函数曲线

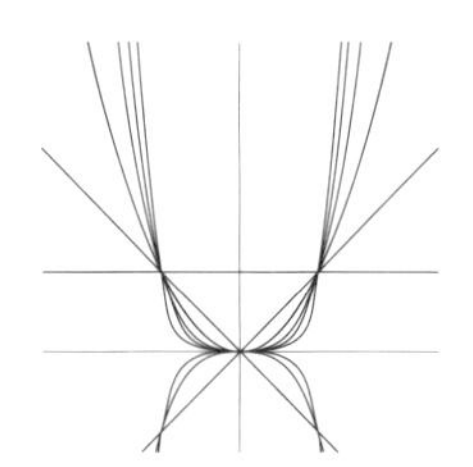

幂函数曲线

这幅图是用方程式 $y=-x^5$, $y=-x^3$, $y=-x$, $y=x^0=1$, $y=x$, $y=x^2$, $y=x^3$, $y=x^4$, $y=x^5$ 和 $y=x^6$ 所表示的曲线。

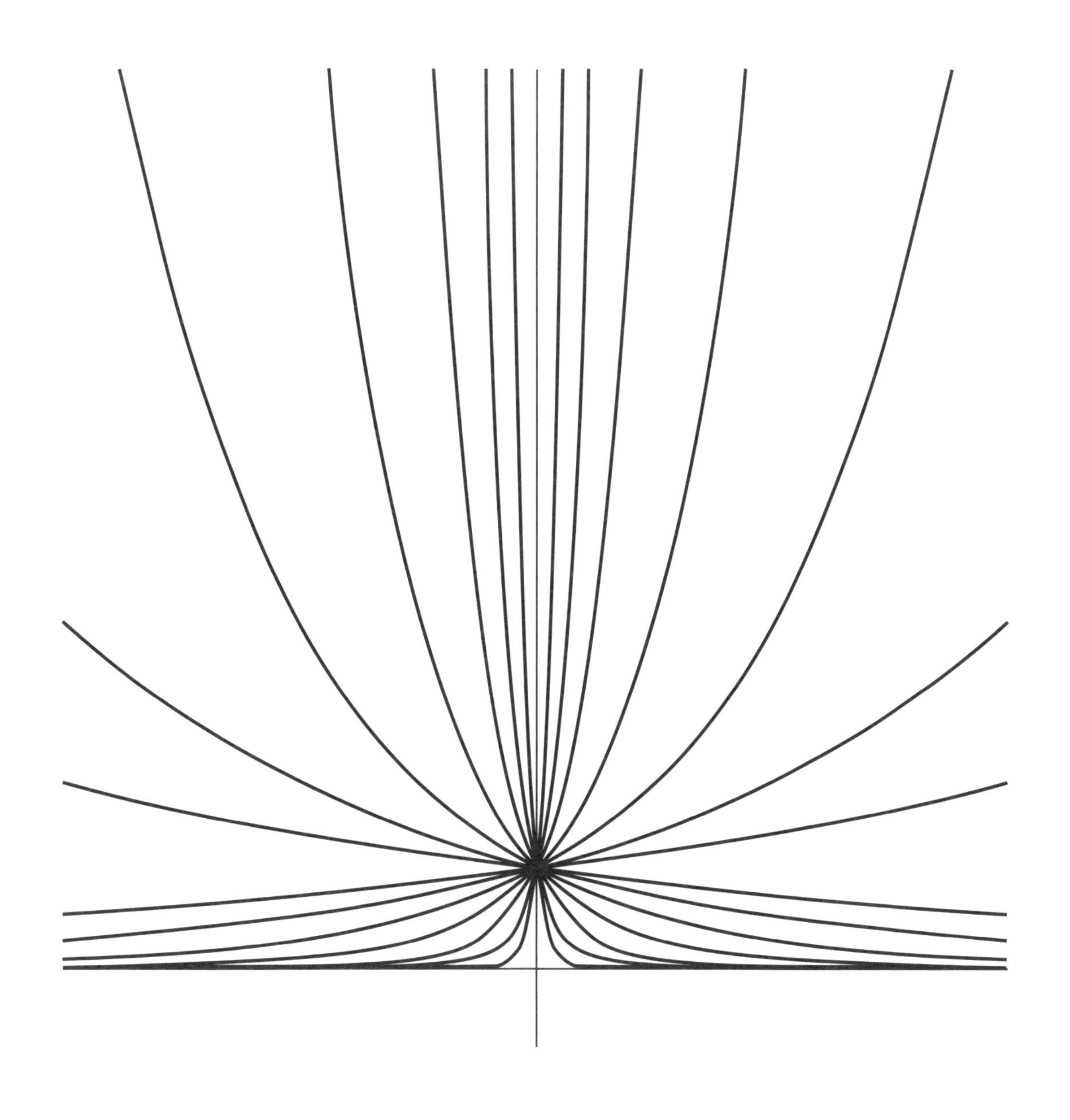

指数函数曲线

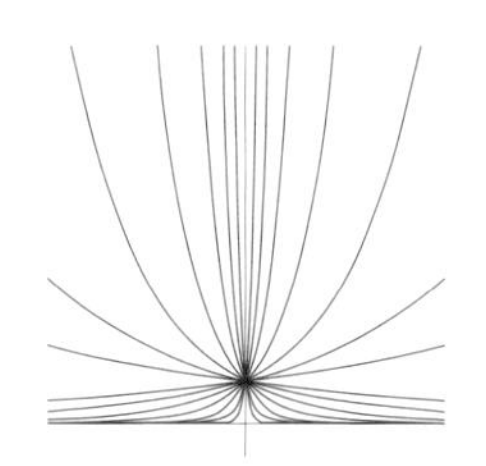

指数函数曲线

这幅图是用方程式 $y=e^{-x/8}$, $y=e^{-x/4}$, $y=e^{-x/2}$, $y=e^{-x}$, $y=e^{-2x}$, $y=e^{-4x}$, $y=e^{-8x}$, $y=e^{x/8}$, $y=e^{x/4}$, $y=e^{x/2}$, $y=e^{x}$, $y=e^{2x}$, $y=e^{4x}$, $y=e^{8x}$ 所表示的曲线。这里 e=2.71828…，也称为欧拉常数。

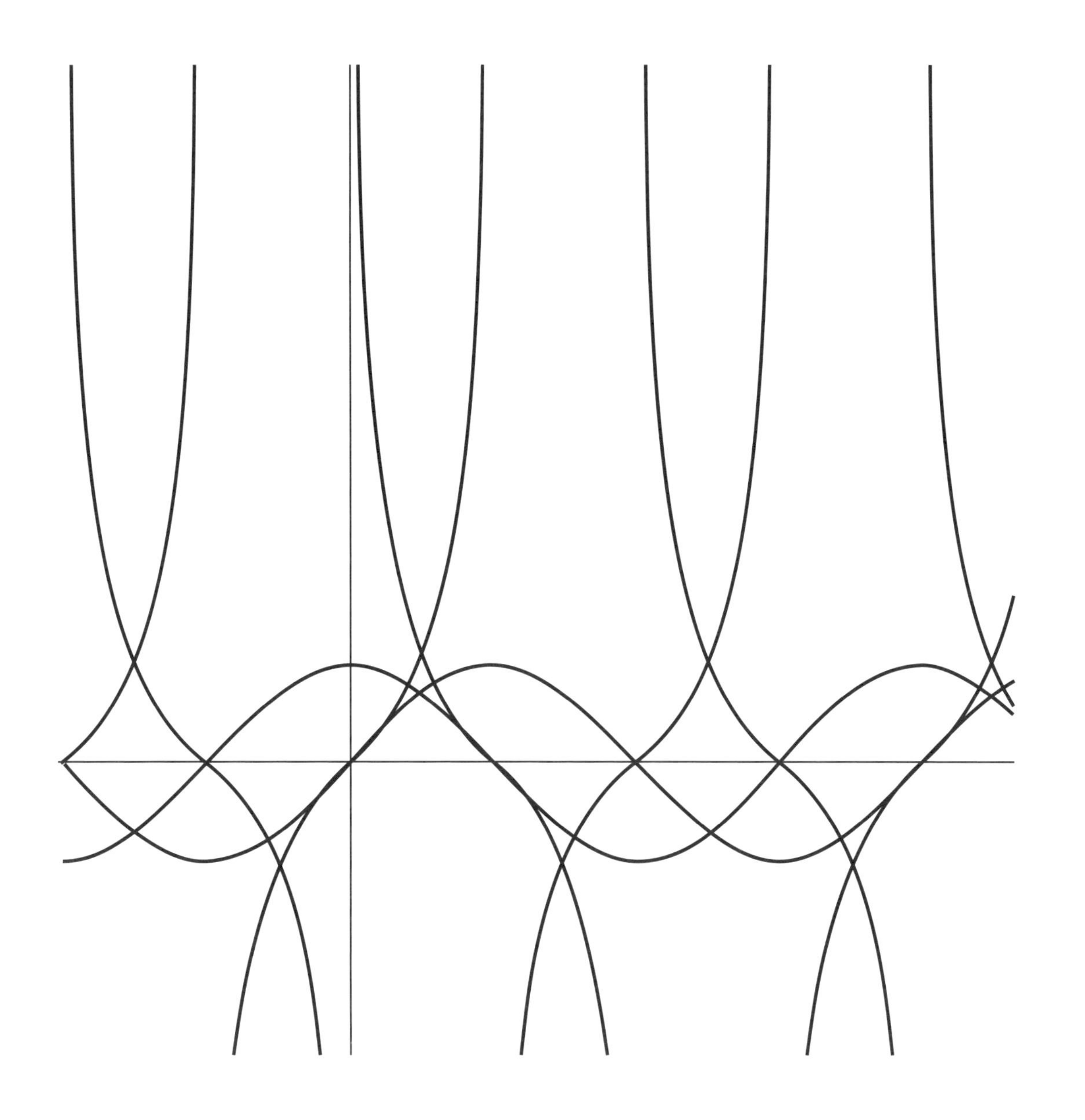

三角函数曲线

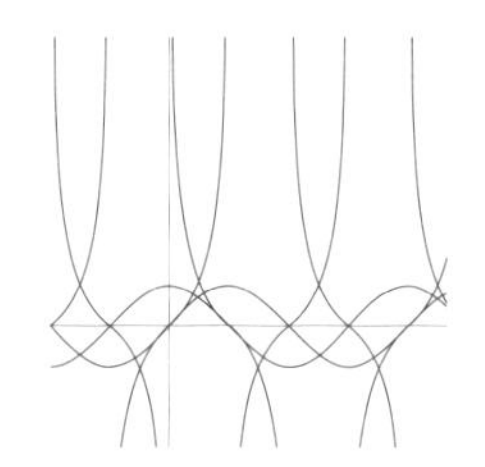

三角函数曲线

这幅图是用三角函数表示的曲线，它们是：正弦函数 $y=\sin x$、余弦函数 $y=\cos x$、正切函数 $y=\tan x$ 和余切函数 $y=\cot x$。正弦、余弦、正切和余切函数是三角学的基本工具。

5

空间曲面

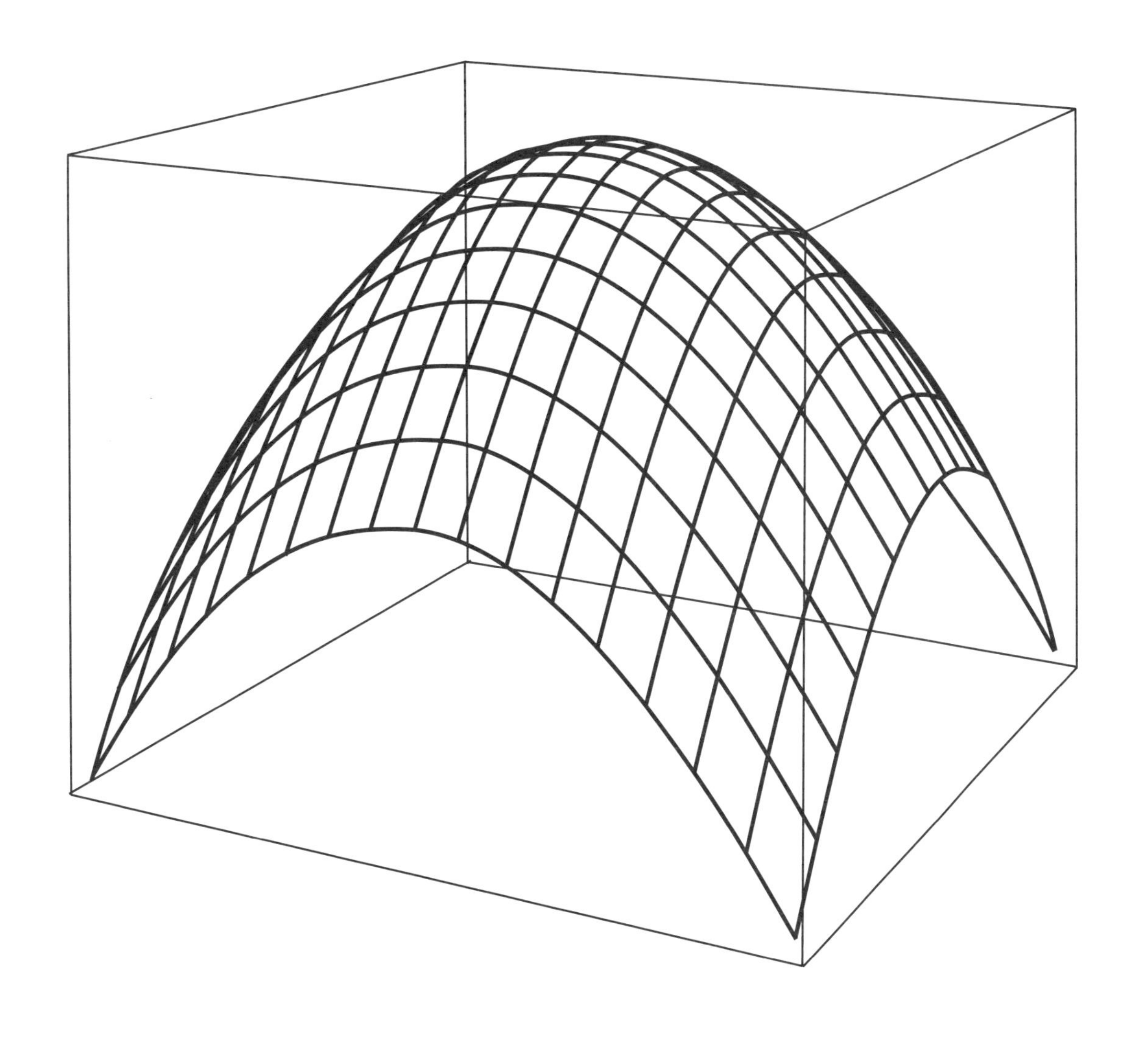

旋转椭球面

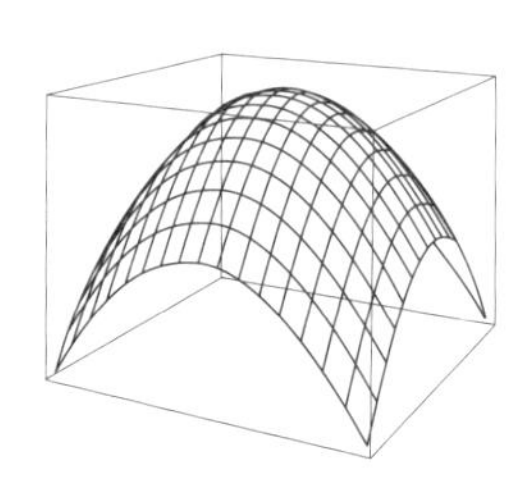

旋转椭球面

这幅图是方程 $z=1-\frac{x^2}{4}-\frac{y^2}{4}$ 所表示的椭球面。

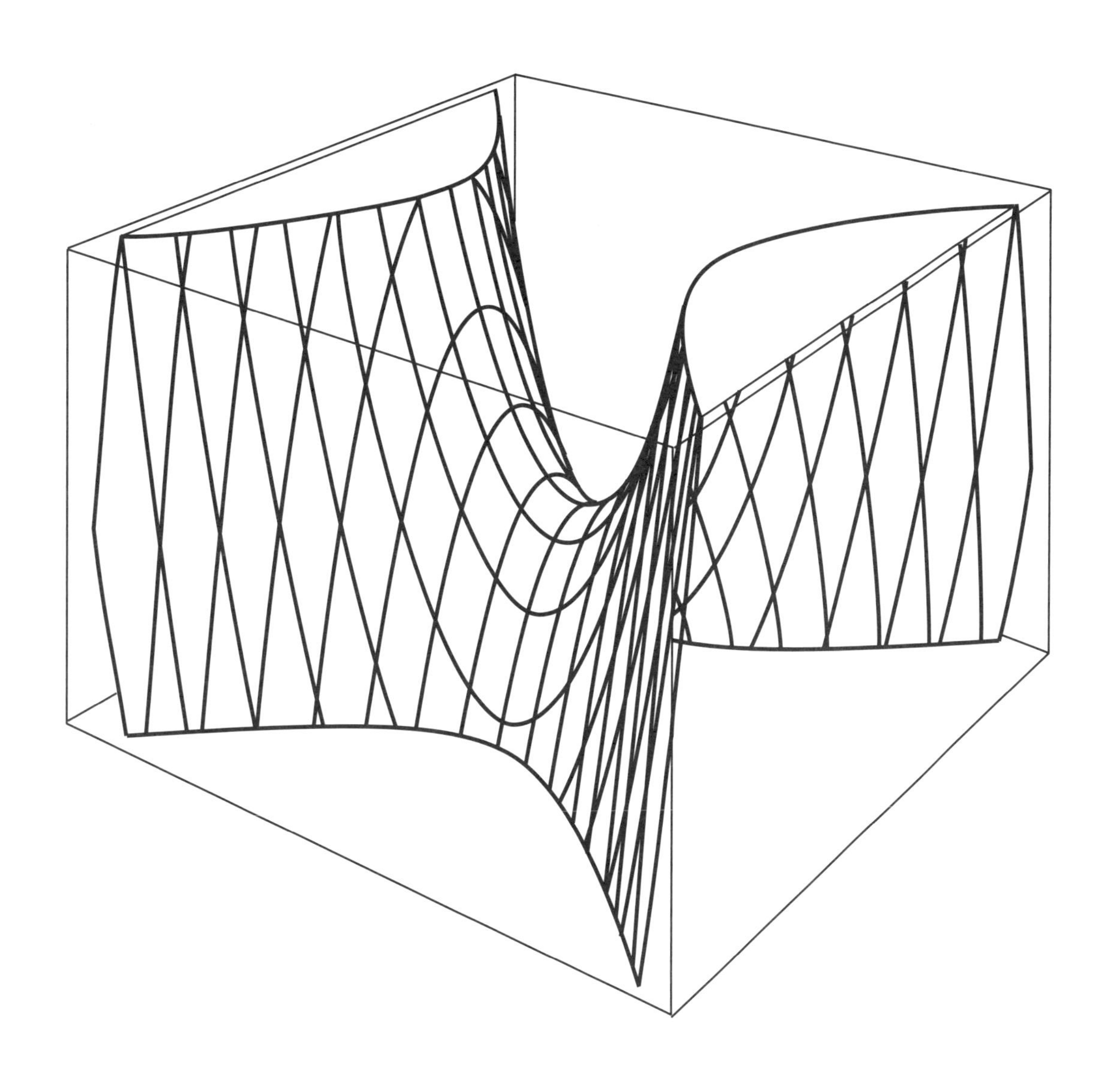

双曲抛物面

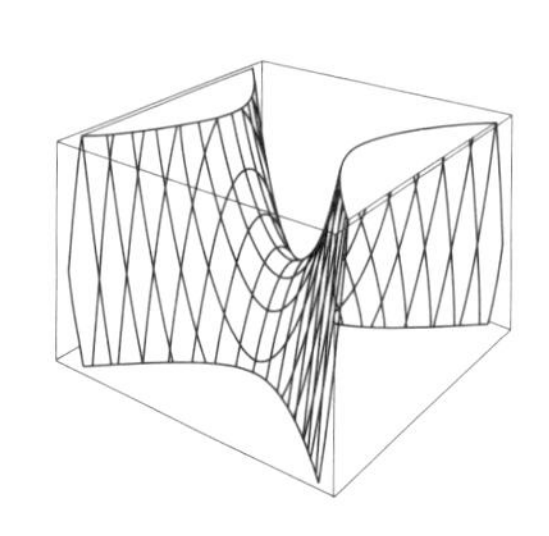

双曲抛物面

这幅图是方程 $z=-1+x^2-y^2$ 所表示的曲面。曲面的这一部分类似于马鞍或薯片的形状。

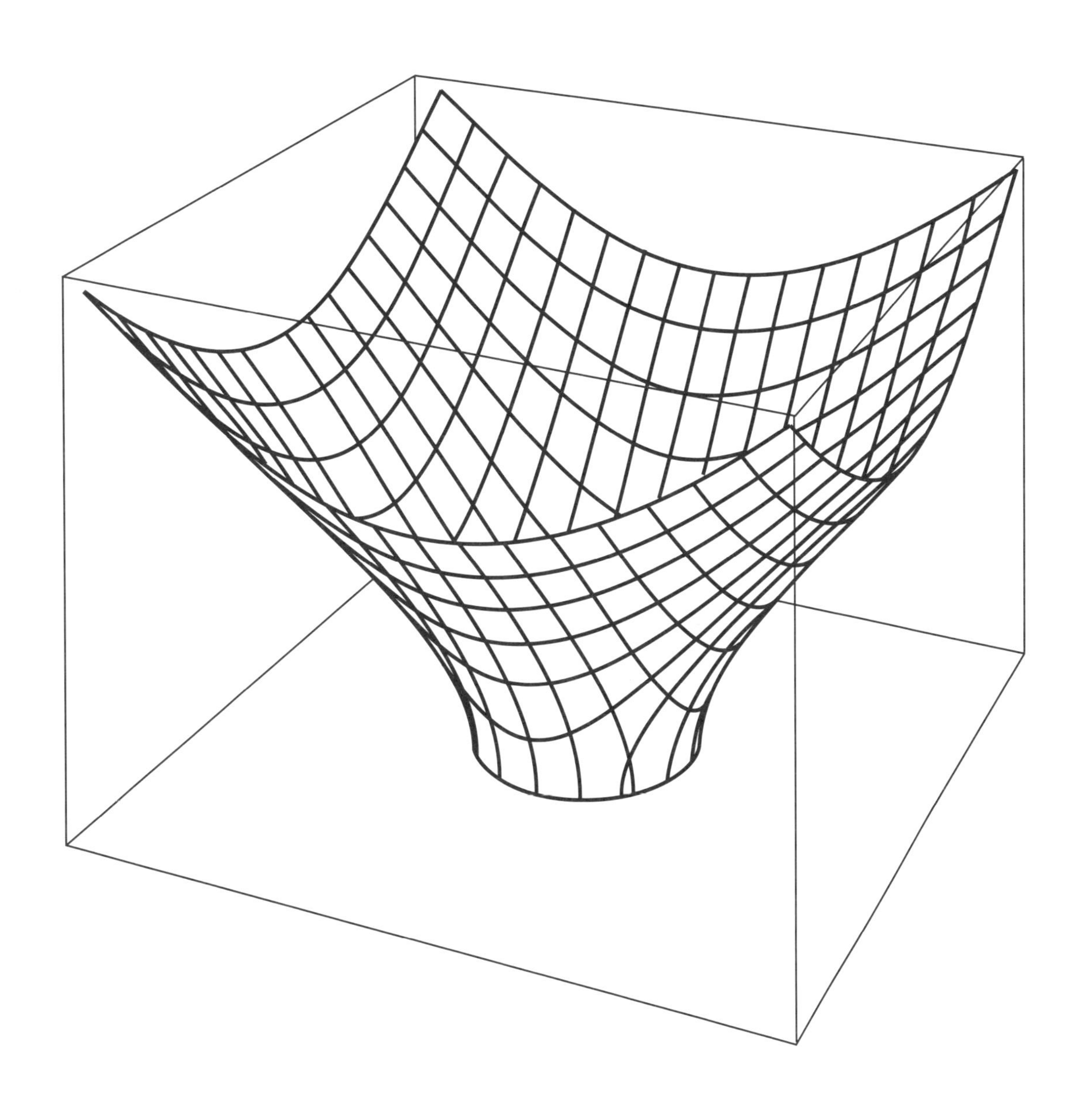

双曲面

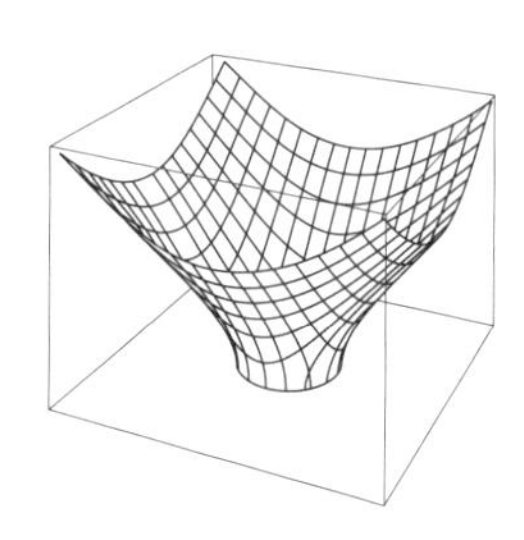

双曲面

这幅图是方程 $z=\sqrt{(-1+x^2+y^2)}$ 所表示的曲面。这个形状类似于发电厂冷却塔上半部分的表面形状。

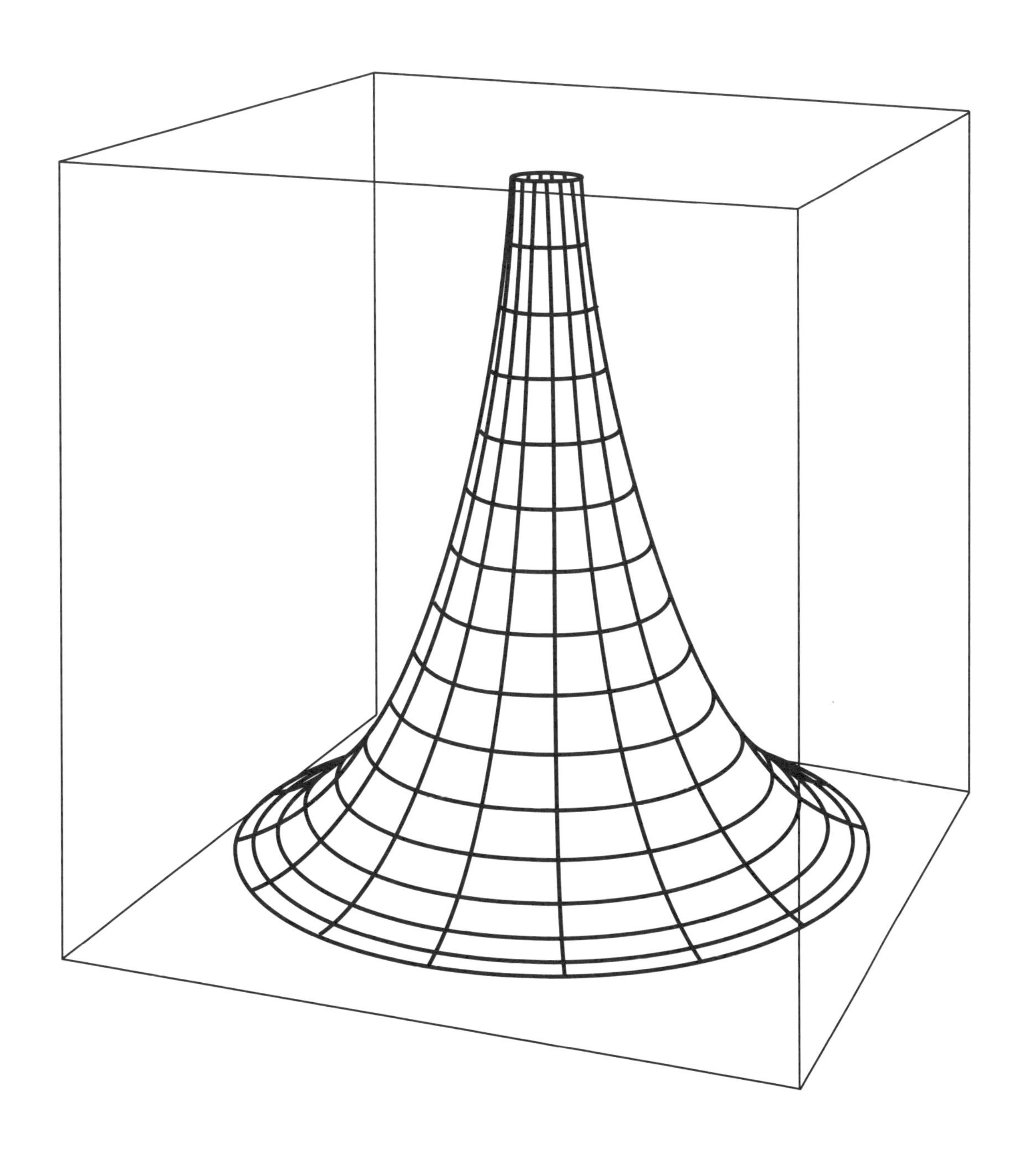

伪球面

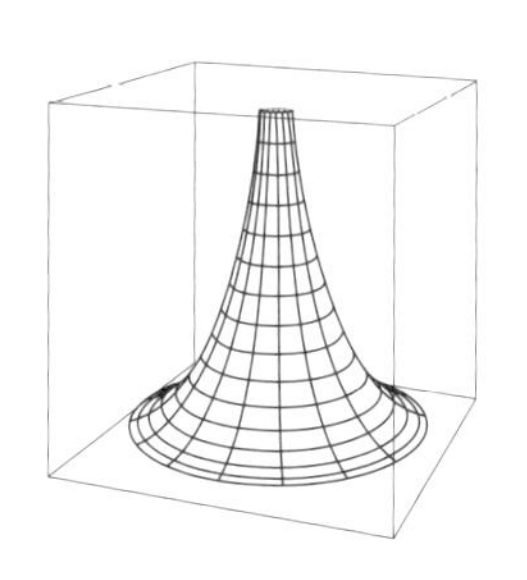

伪球面

这幅图是参数方程：$x = (\cos t) / (\cosh s)$, $y = (\sin t) / (\cosh s)$ 和 $z=s-(\tanh s)$ 表示的曲面。其中，cosh和tanh分别表示双曲余弦和双曲正切函数。之所以称为伪球面，是因为这个曲面在每个点上都有相同的负曲率-1，因此它是曲率为+1正常球面的负性对应物。

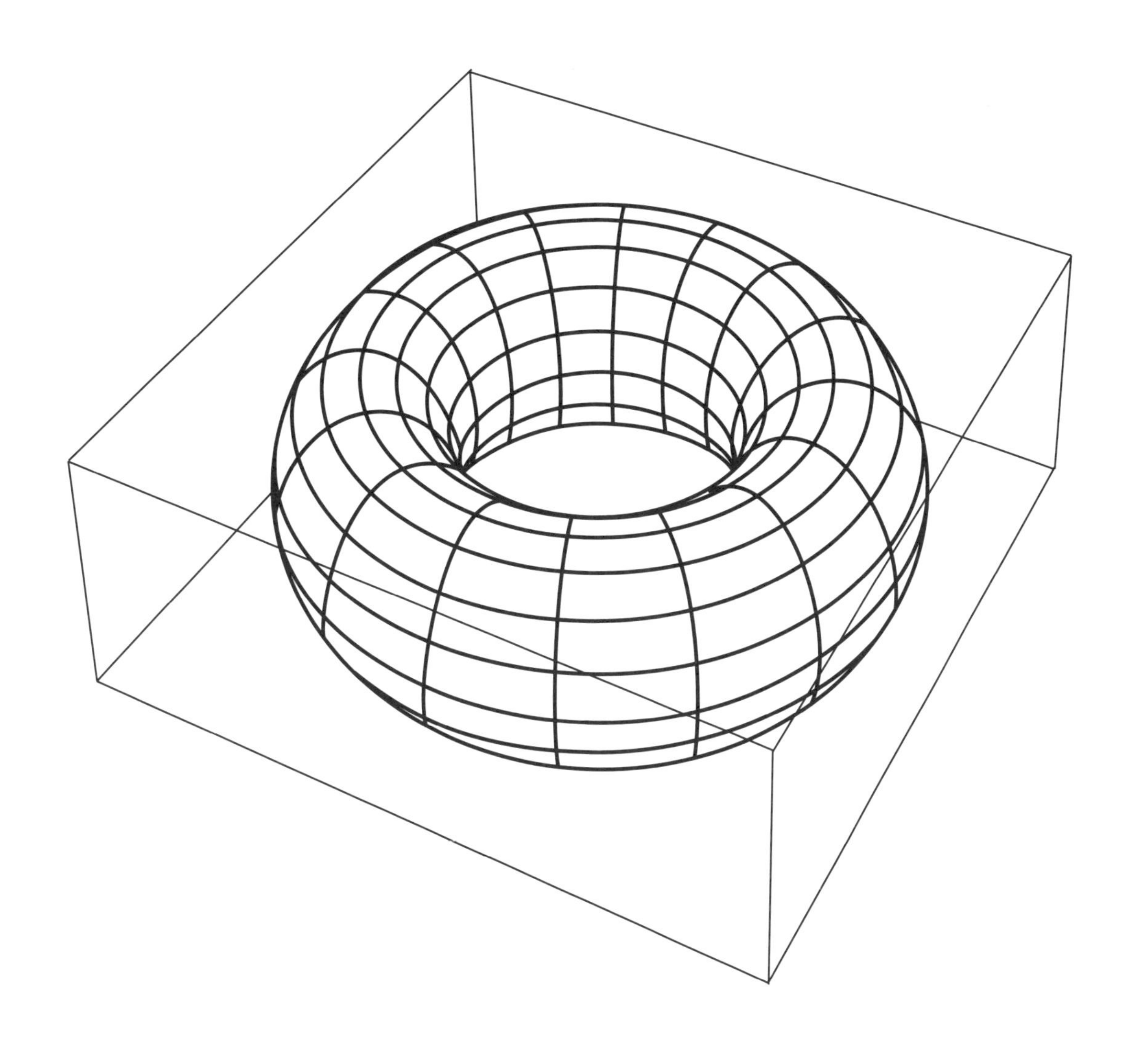

环面

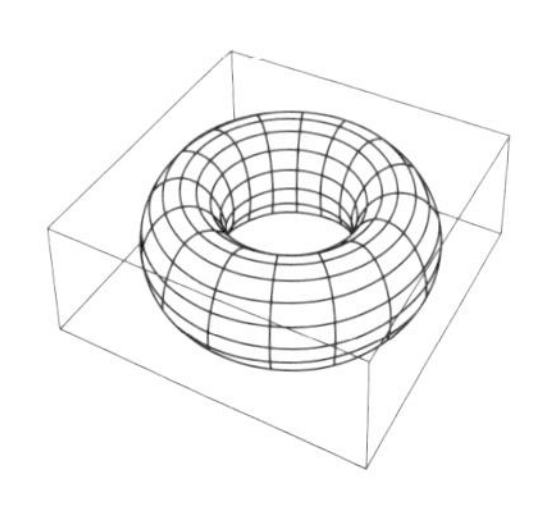

环面

此图是用参数方程：$x=(\cos s)\cdot(2+0.8\cdot(\cos t))$, $y=(\sin s)\cdot(2+0.8\cdot(\cos t))$, $z=0.8\cdot(\sin t)$表示的曲面。该曲面是由平面上的一个半径为0.8的圆，围绕一条距离其圆心为2的直线旋转而创建的。这个曲面被称为环面，让人想起汽车轮胎、游泳圈或甜甜圈。

6

曲线家族

极坐标曲线

极坐标曲线

你可以通过指定水平和垂直的两个方向上的距离来确定平面中的一个点。例如，要确定地图上的一个点，你可以说该点距给定的原点的东面和北面各有多远。但是，你也可以用该点与原点之间的距离和它们的连线所指向的方向来表示平面上的点。这就是极坐标的原理。这里距离用 ρ 表示，方向用 θ 表示。你可以用两者建立一个函数关系，例如 $\rho=\cos\theta\cdot(4\sin^2\theta+a)$。在图中，我们可以看到 a 取不同值时这个方程式所表示的曲线。

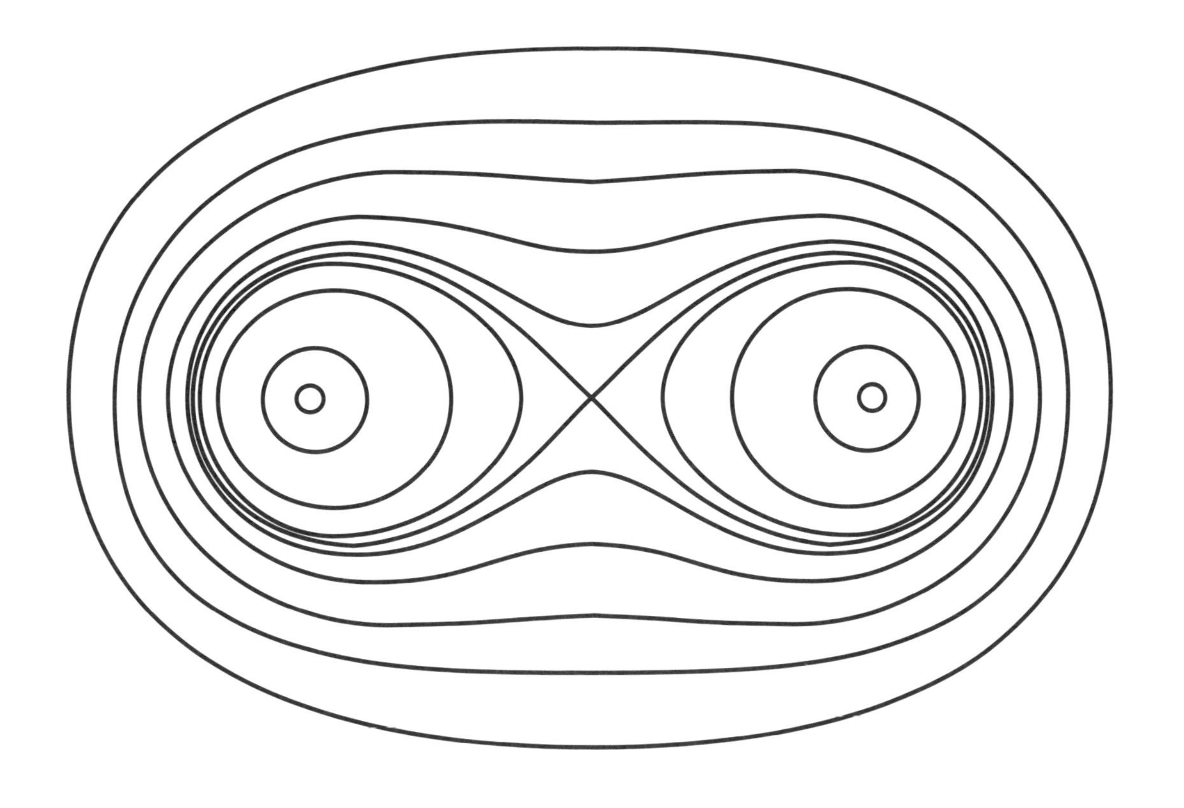

卡西尼卵形线

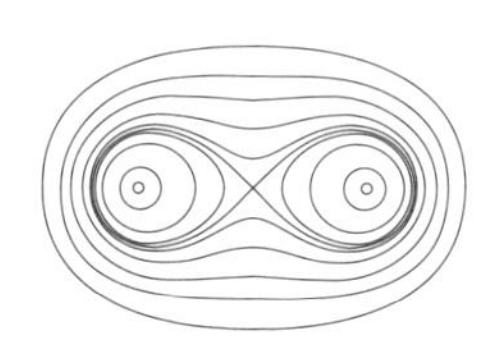

卡西尼卵形线

卡西尼卵形线是平面上的点的集合，这些点与两个定点的距离的乘积是常数。它会让人想起对椭圆的描述，椭圆是到两个定点的距离之和为常数的点的集合。1680 年，天文学家乔凡尼·多美尼科·卡西尼研究了这种曲线，因为他认为地球绕太阳的轨道是一种卵形线。当乘积小于两个定点之间的距离时，曲线就会分成两部分。当乘积等于这个距离时，曲线与自身相交，形成伯努利的双纽线，其形状类似于无穷大的符号∞。

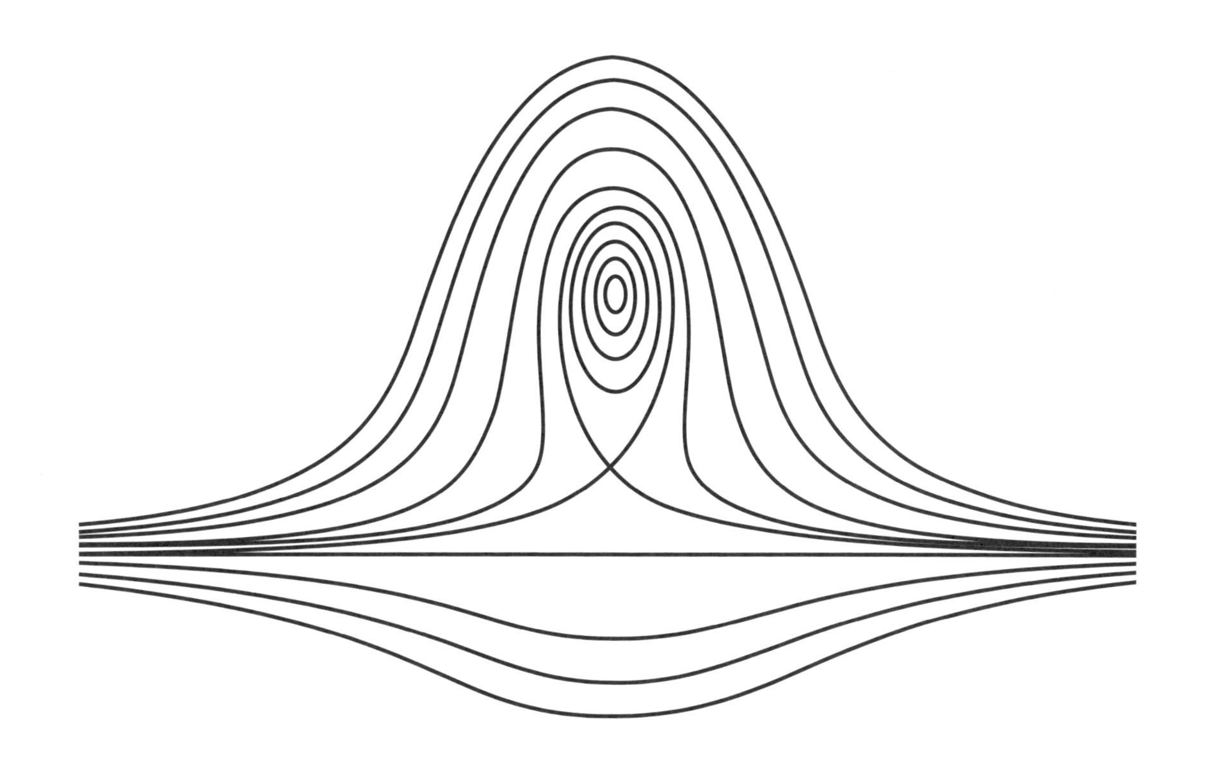

笛卡尔叶形线

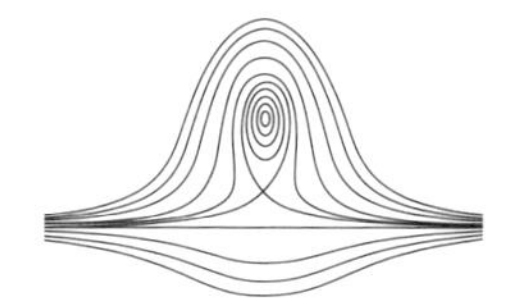

笛卡尔叶形线

在图中，你可以看到公式 $x^3+y^3-3xy=a$ 的曲线。这幅画比它正常的表现方式多旋转了一个角度。“Folium”在拉丁语中是“叶子”的意思，其中一条曲线（自身交叉的那一条）看起来有点像叶子。

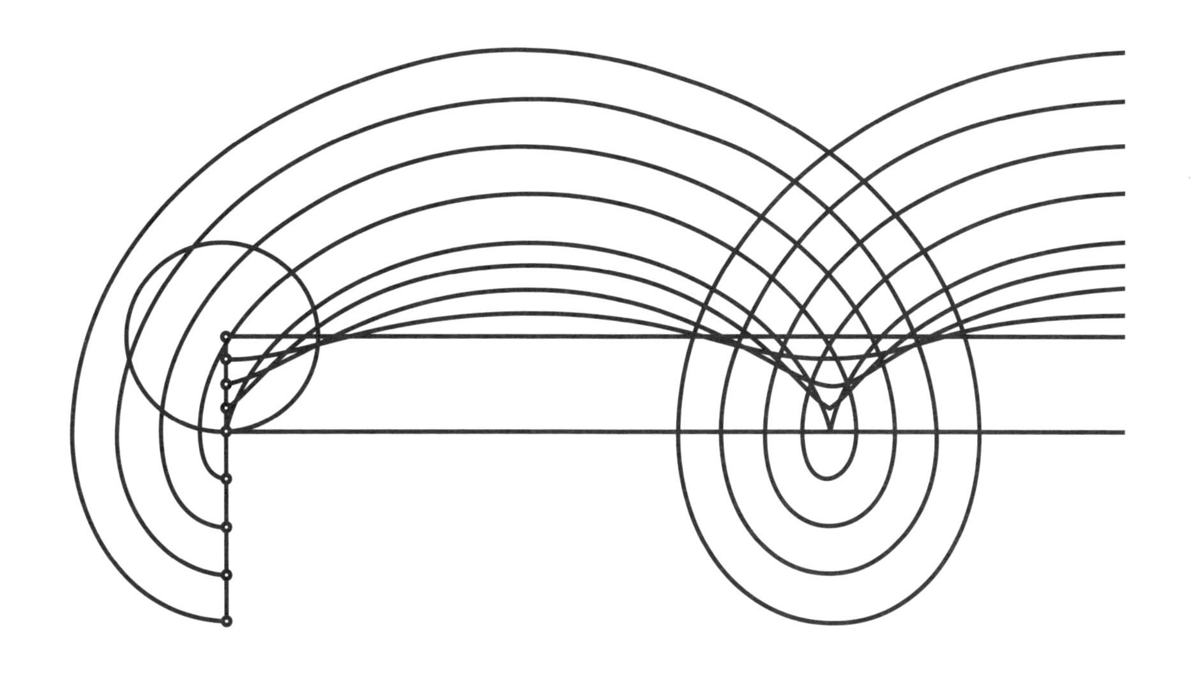

在直线上滚动的圆产生的曲线—— 摆线

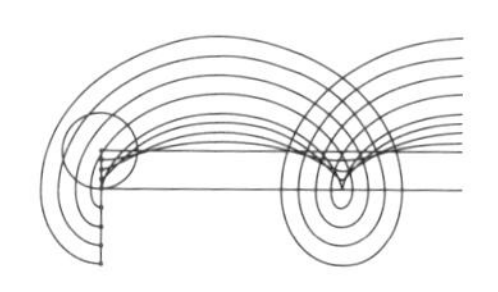

在直线上滚动的圆产生的曲线——摆线

假设一个圆在直线上滚动，就像铁轨上的火车轮子。圆周上的一个点描绘出一条上下摆动的曲线，称为摆线。圆周下面那些点（图上可以看到 4 个），可以想象为附着在圆周上的一根杆上的点，它们描绘了摆动更明显的曲线，甚至自身形成了交叉。位于圆周和圆心之间的点（图上可以看到 3 个），可以想象为在轮子的辐条上附着的点，则描绘了摆动不那么剧烈的曲线，自身也没有交叉。而圆心自然描绘了一条与圆的滚动方向平行的直线。

圆在另一个圆内滚动产生的曲线

圆在另一个圆内滚动产生的曲线

让圆 A 在另一个圆 B 中滚动，在圆 A 上的一点将会画出一条轨迹。当圆 A 的周长是圆 B 周长的 1/3 时，就会产生一个顶角向下的“曲边的三角形”，当这个比例为 1/4 时，它就变成了一个“曲边的四边形”……把这些图像组合在一起就成了上面这幅美丽的图案。

7

多面体

五种柏拉图多面体

正十二面体

立方体和正八面体的对偶关系

正十二面体和正二十面体的对偶关系

互相嵌套的柏拉图多面体

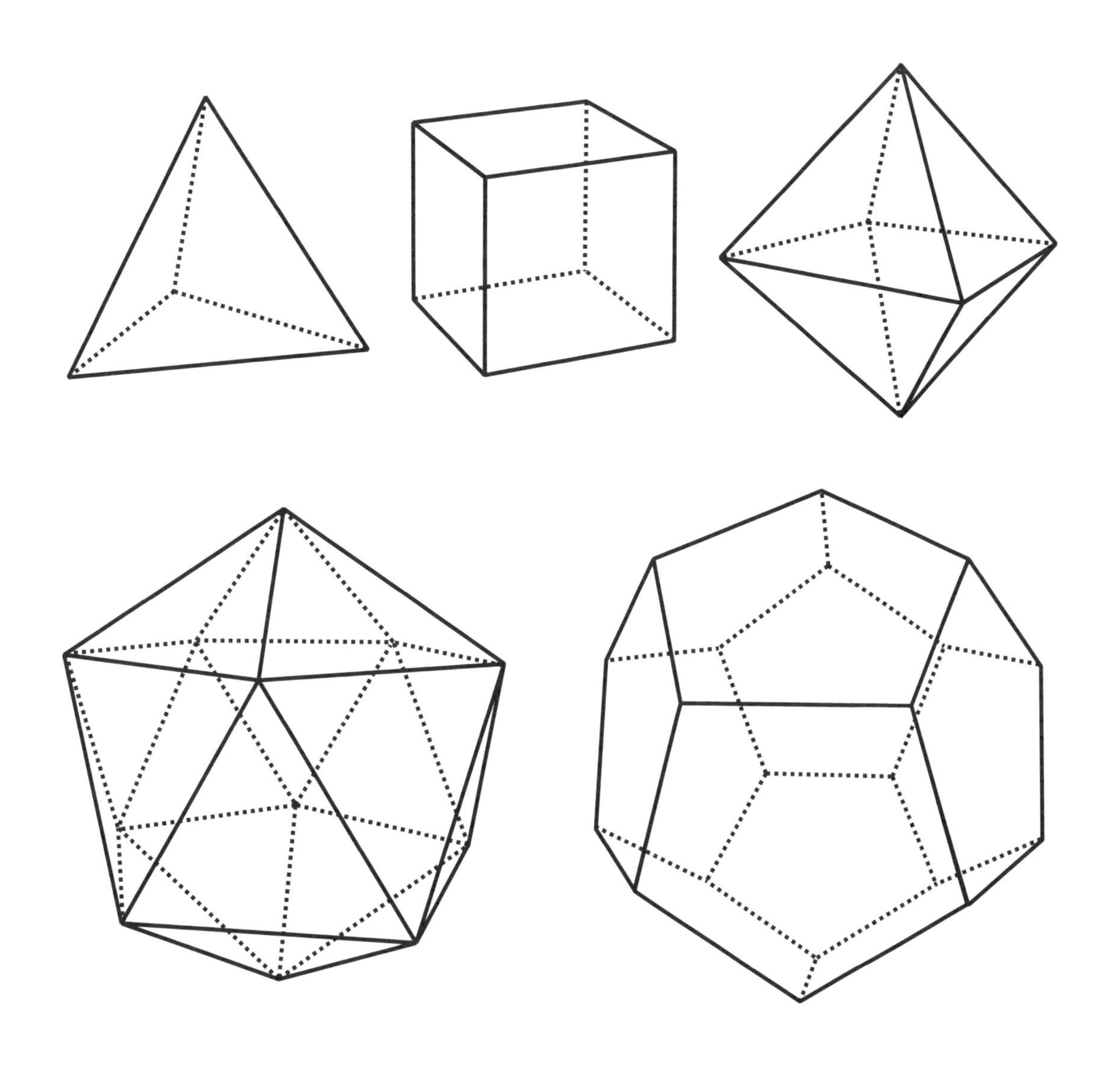

五种柏拉图多面体

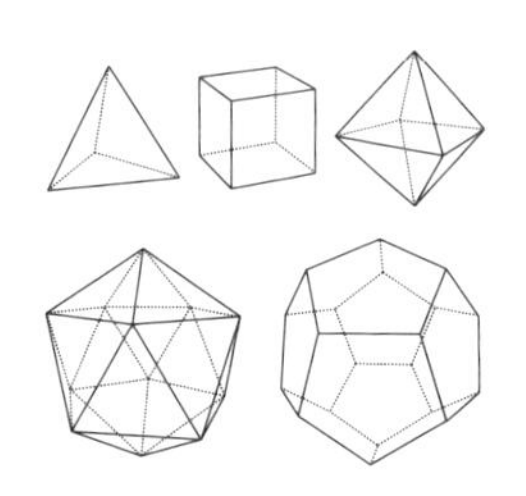

五种柏拉图多面体

只存在五种柏拉图多面体（即正多面体）。它们是：正四面体、立方体、正八面体、正二十面体和正十二面体。柏拉图多面体的每个面都是相同的正多边形，而这些多边形在空间中总是以相同的方式排列。古希腊哲学家柏拉图首先发现并描述了这些迷人的形体。

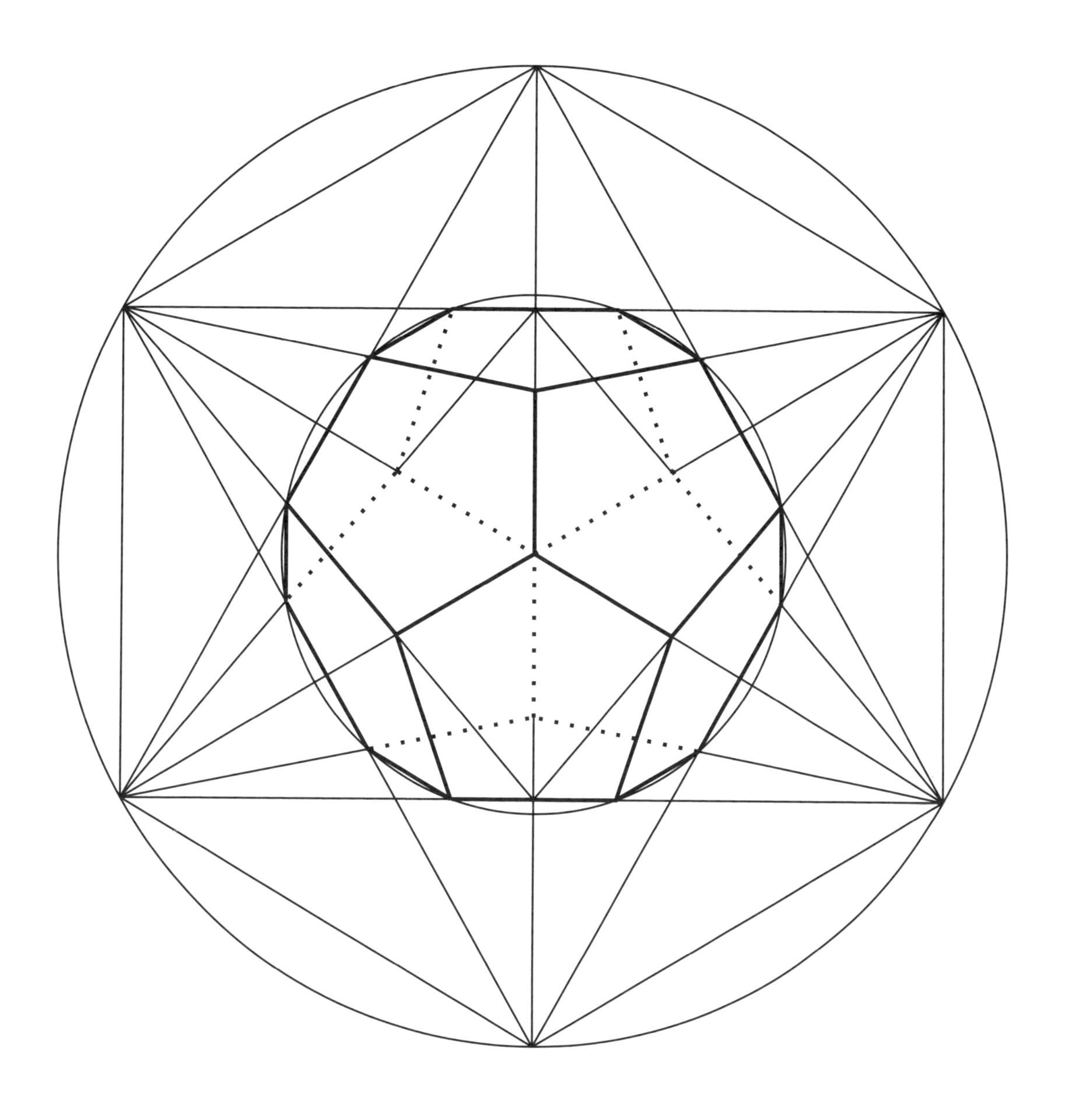

正十二面体

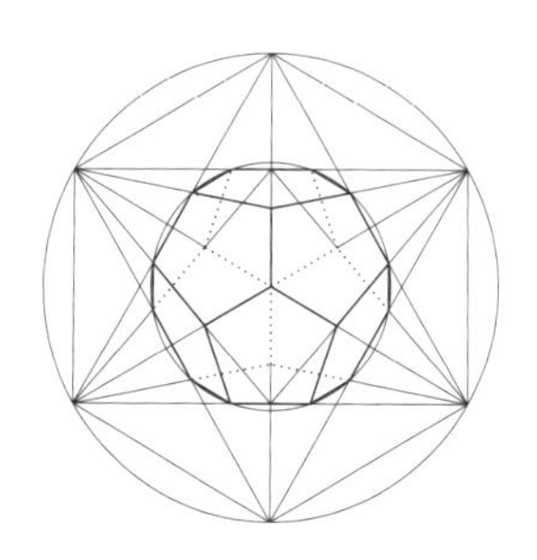

正十二面体

仅用圆规和直尺要画出正十二面体的二维投影并不容易。如果先作出一个圆内接的正六边形，然后插入一些三角形和矩形，就可以勾画出正十二面体投影的轮廓，得到了图中这种令人满意的结果。

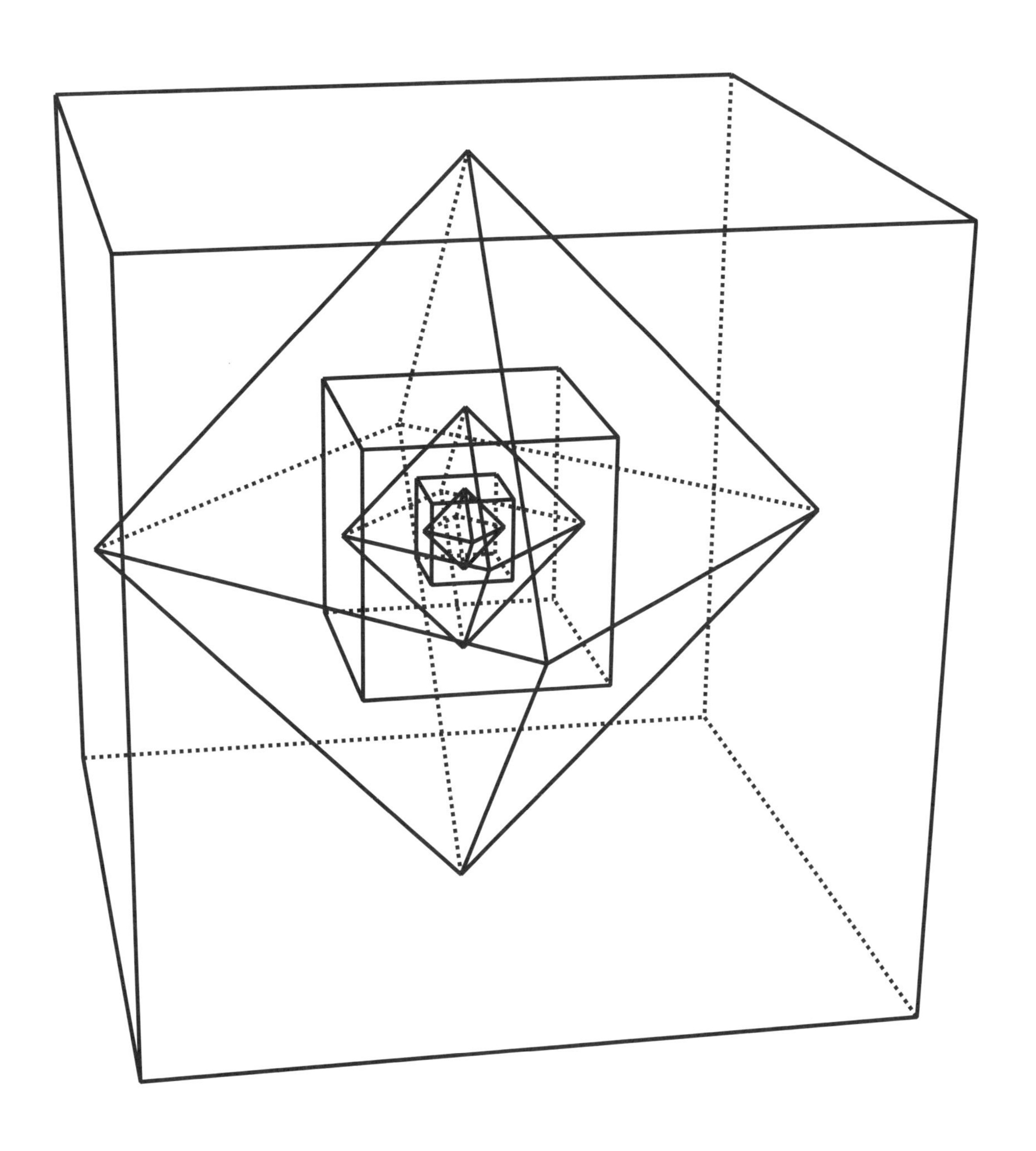

立方体和正八面体的对偶关系

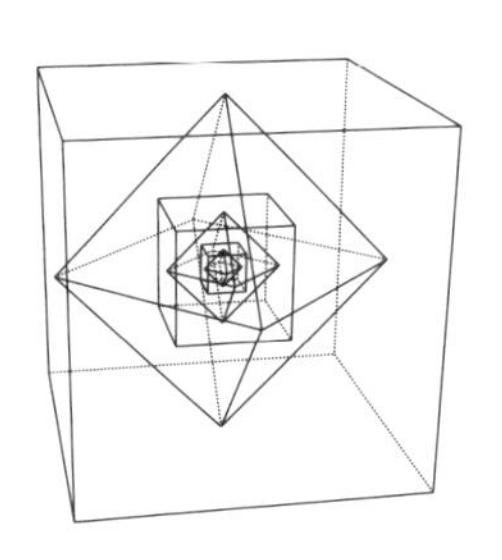

立方体和正八面体的对偶关系

立方体和正八面体是对偶的：立方体的每个面的中心点构成了一个正八面体的顶点。同样地，正八面体的每个面的中心点构成了一个立方体的顶点。如果你已经在一个立方体中绘制了一个对偶的正八面体，然后在这个正八面体中绘制了另一个对偶的立方体，你就可以不断地进行下去。在图中，有 3 个立方体和 3 个正八面体互相嵌套在一起。

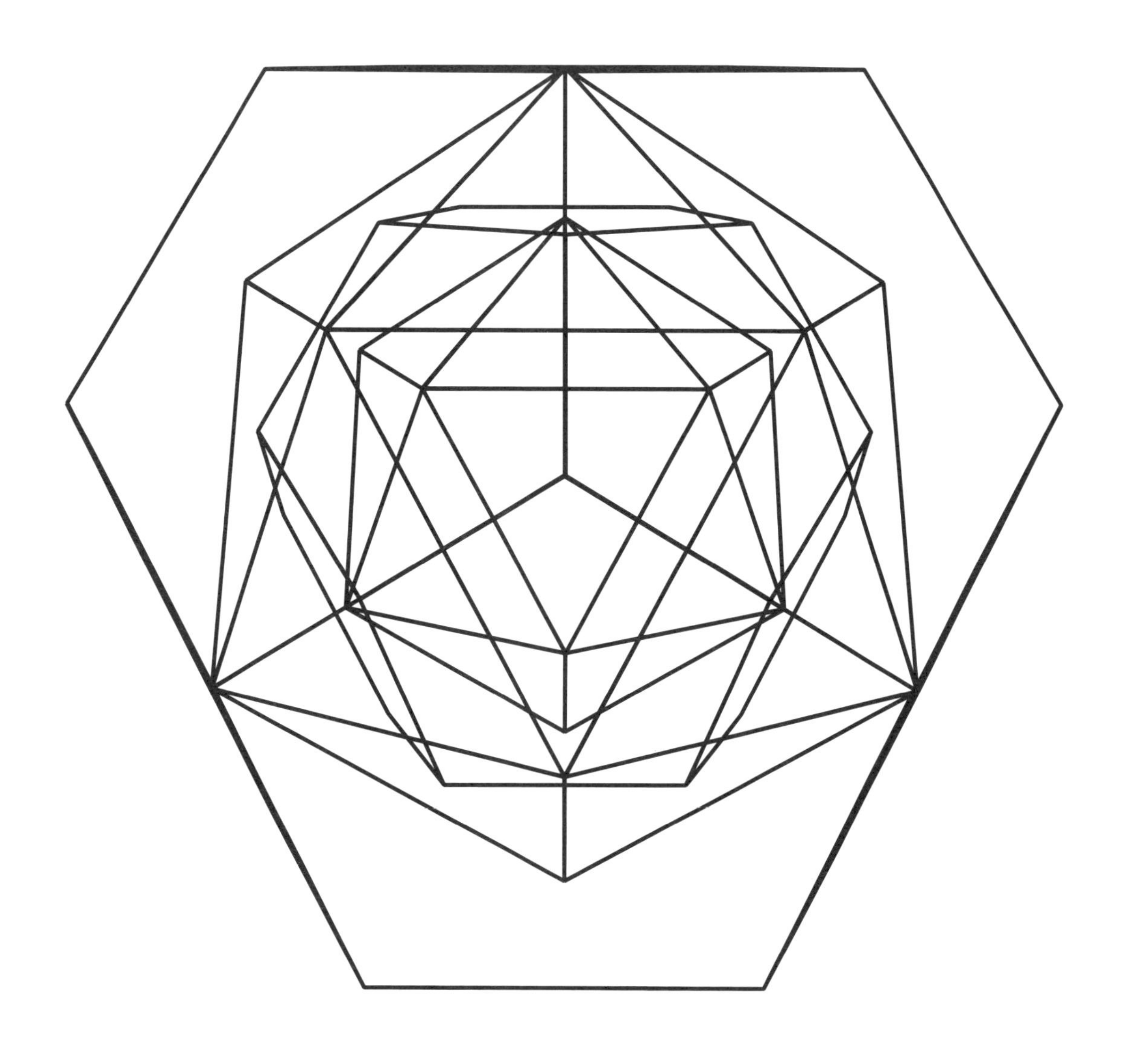

正十二面体和正二十面体的对偶关系

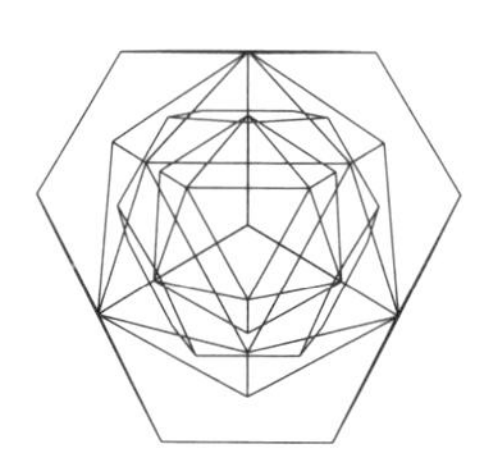

正十二面体和正二十面体的对偶关系

一个正十二面体的每个面的中心点构成了一个正二十面体的顶点。同样地，一个正二十面体的每个面的中心点构成了一个正十二面体的顶点。如果你在一个正十二面体中画了一个正二十面体，然后在那个正二十面体中又画了一个正十二面体，你可以一直这样做下去。在图中，两个正十二面体和正二十面体相互嵌套在了一起。为了清晰起见，我们省略了表示被遮挡部分的虚线。

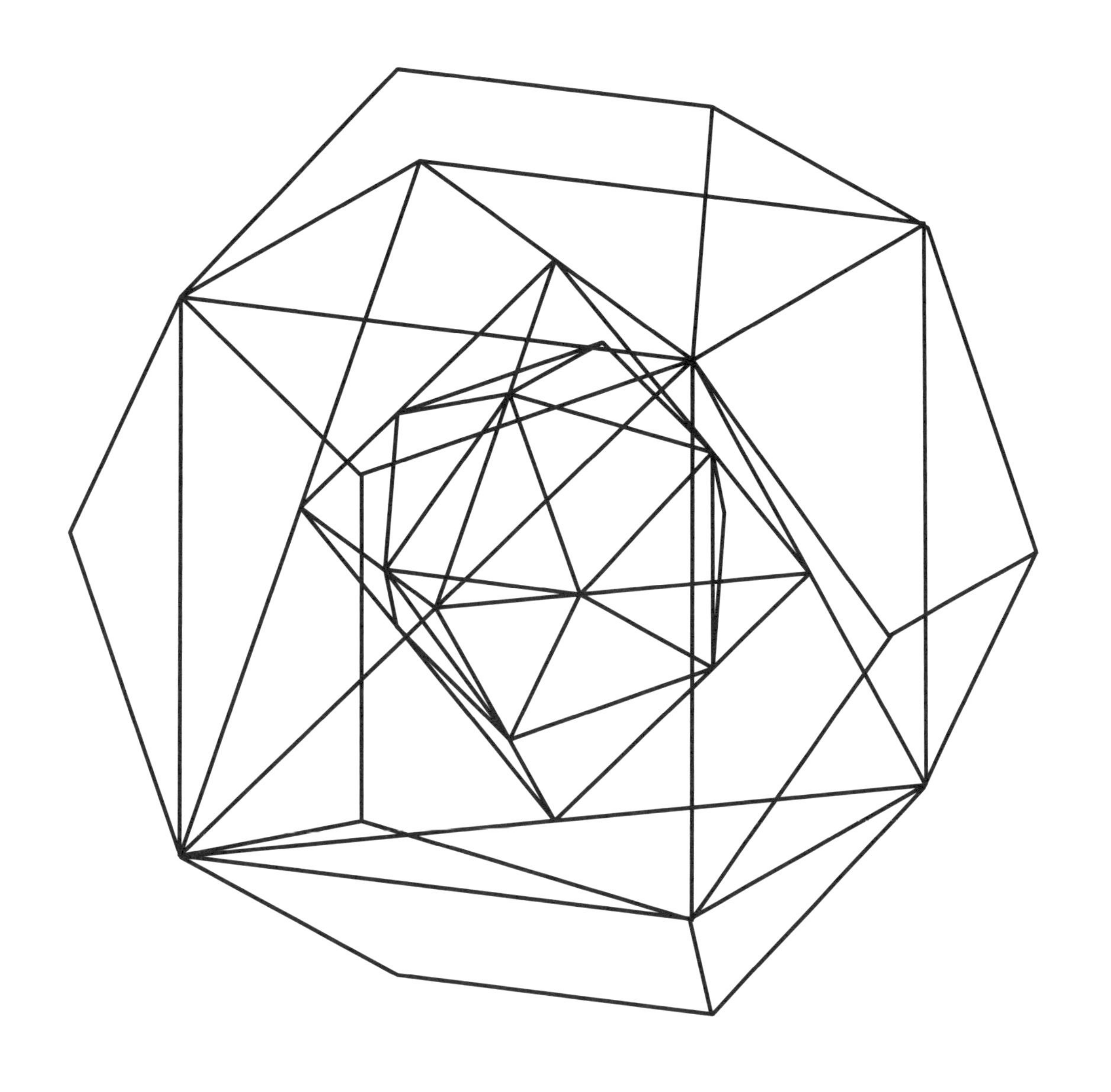

互相嵌套的柏拉图多面体

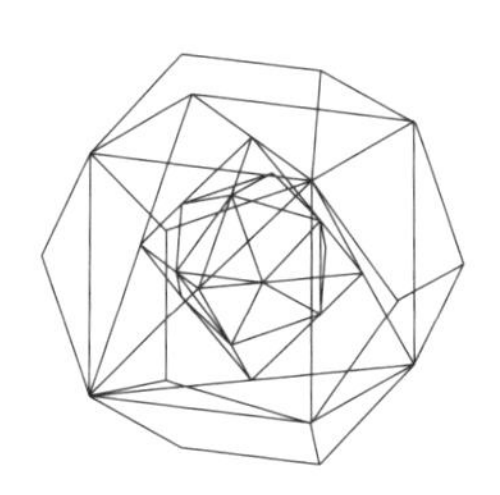

互相嵌套的柏拉图多面体

在一个正十二面体中，选择某些合适的顶点可以构成一个立方体。在这个立方体中，同样选择某些合适的顶点可以构成一个正四面体。这个正四面体的六条边的中点连线又可以产生一个正八面体。在正八面体的十二条边的中点上，你可以放置一个正二十面体的顶点。因此，五种柏拉图多面体都相互内接。

8

黄金比率

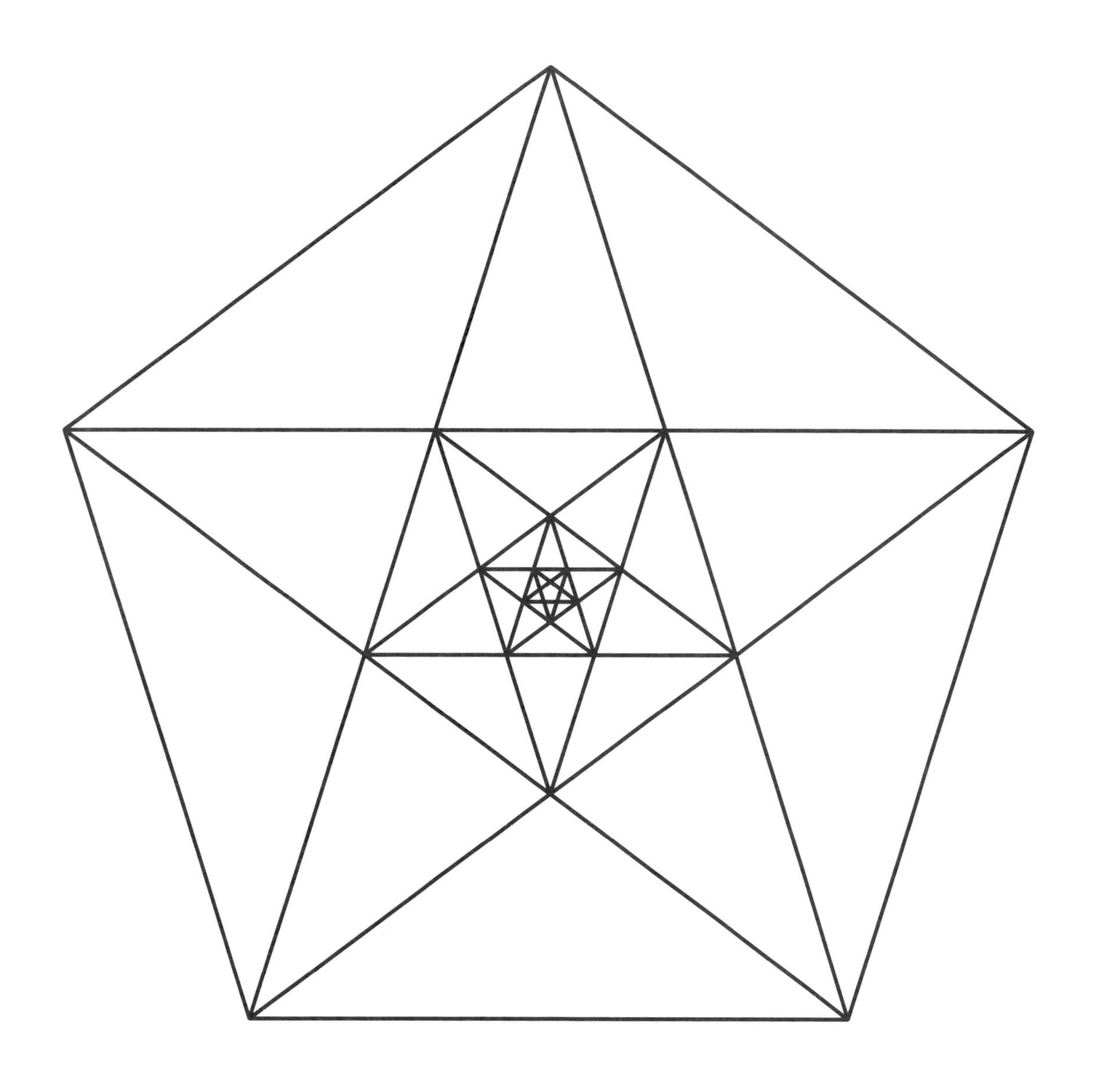

嵌套的五角星

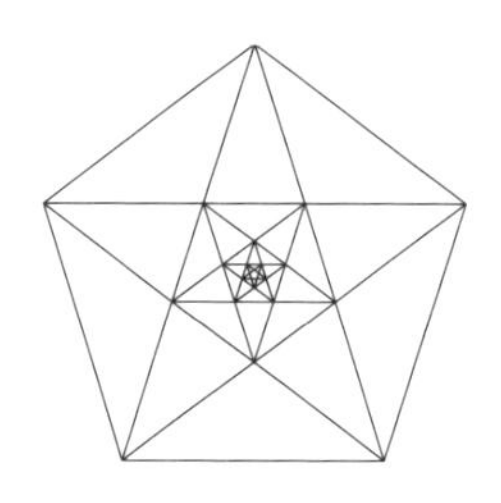

嵌套的五角星

在一个正五边形中用跨一个点连线的方式可以画出一个五角星。五角星的内部有一个小的正五边形，又可以画出一个更小的五角星，以此类推。在这幅图中，有四层五角星嵌套在一起。如果正五边形的边为 1，那么它的对角线为 1.618…，这就是黄金比率。

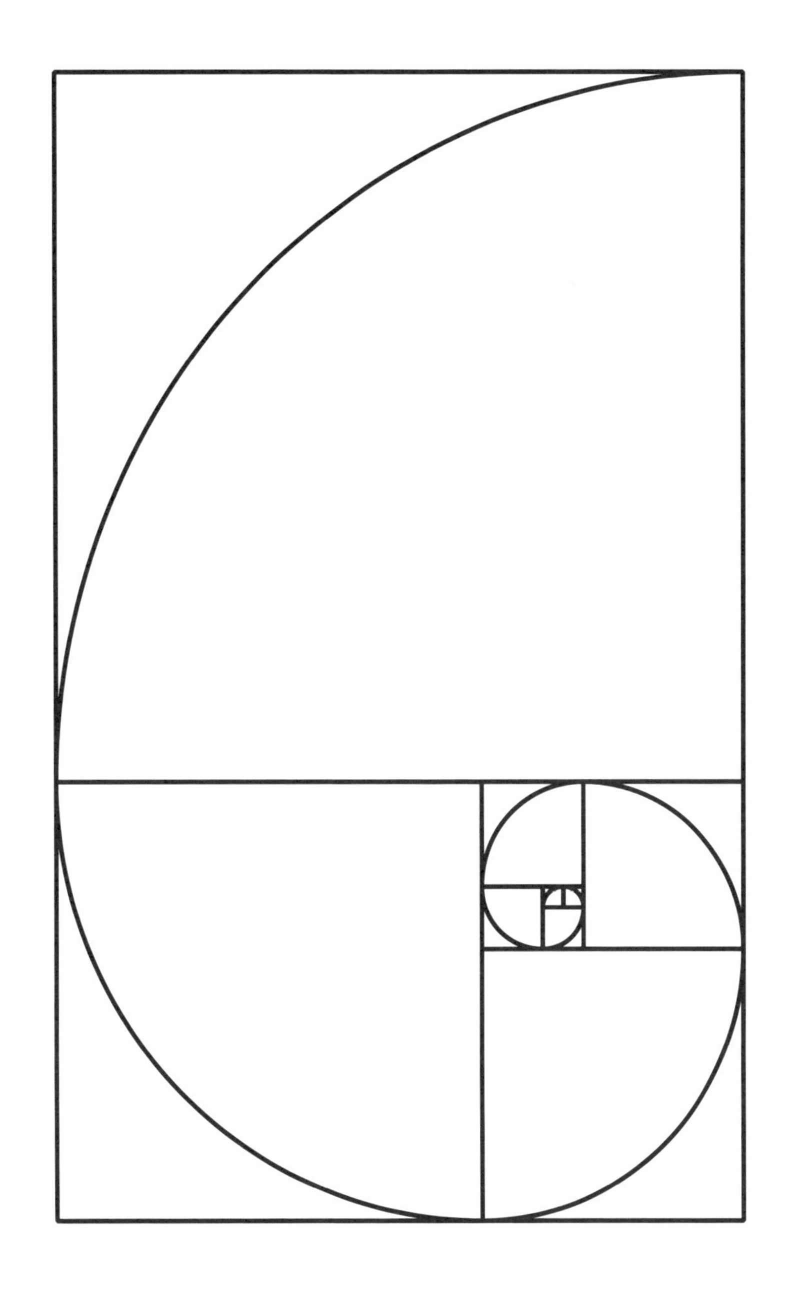

斐波那契螺旋线

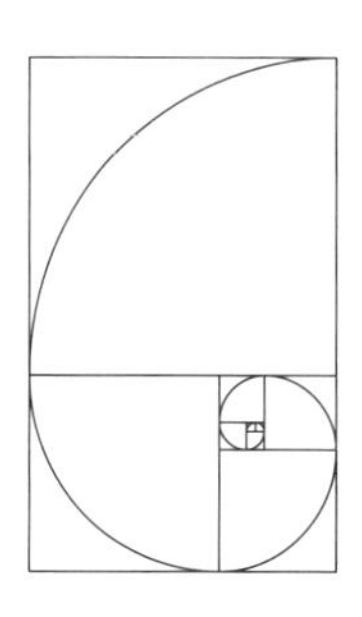

斐波那契螺旋线

如果中心部分最小的两个方格边长为1，那么它下面的方格边长为2，它左边就是一个边长为3的正方形，上面的正方形边长则为5，右边的正方形边长为8，下面的正方形边长为13。左下角方格的边长为21，而在最上面的正方形边长为34。它们的顶点可以连接成一条优美的螺旋线。这些边长数字1，1，2，3，5，8，13，21，34，…形成了所谓的斐波那契数列。它们后项除以前项得到的商的数列为 $\frac{3}{2}$，$\frac{5}{3}$，$\frac{8}{5}$，$\frac{13}{8}$，…，将会越来越近似于黄金比率1.618…。

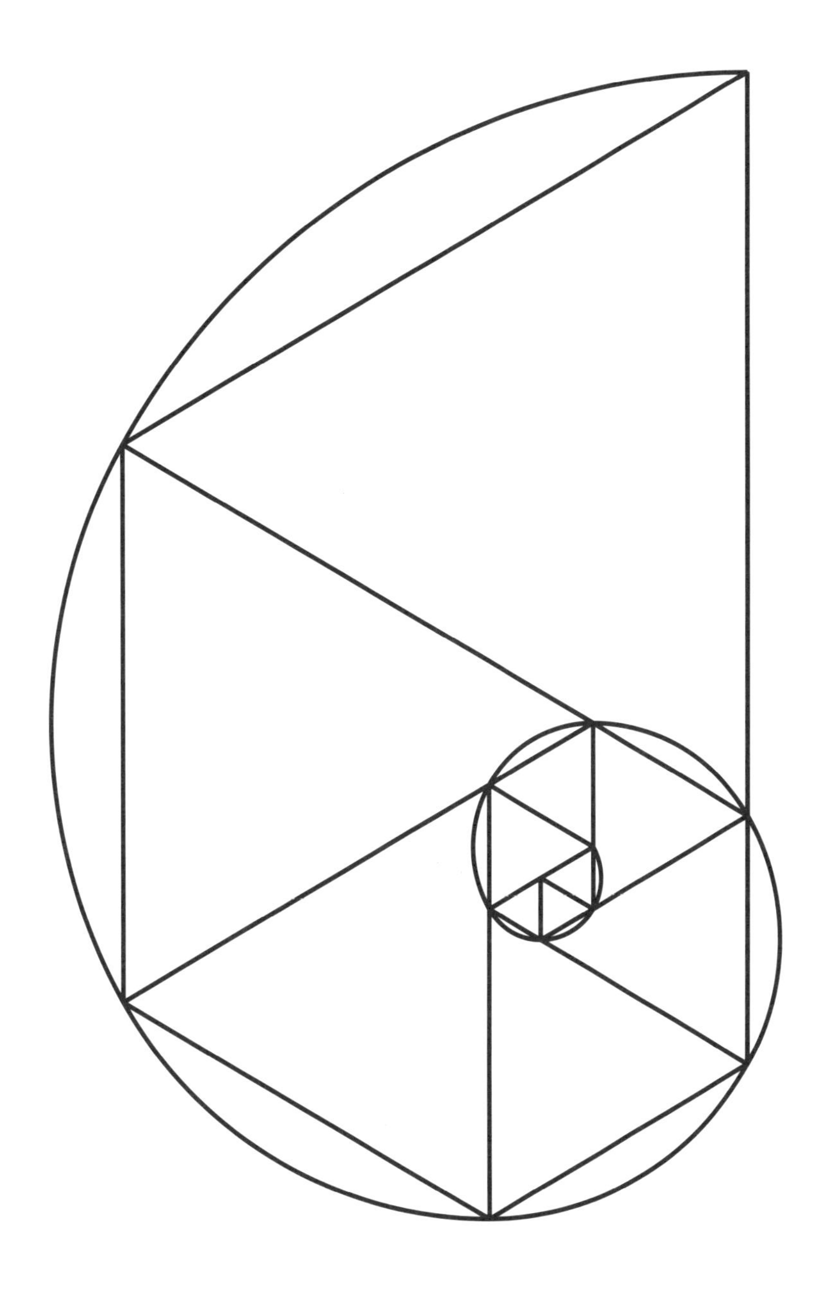

帕多瓦螺旋线

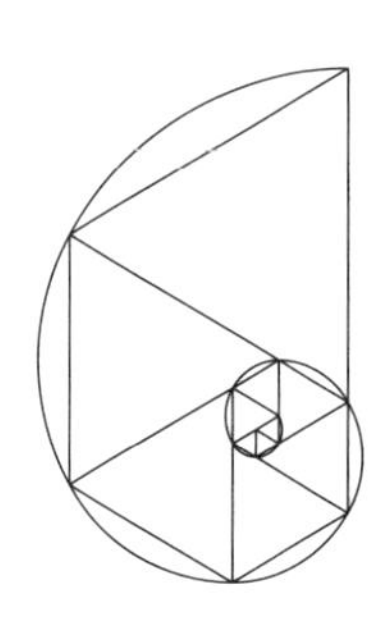

帕多瓦螺旋线

图中最中间的 3 个最小的等边三角形的边长是 1，那么它们上面的两个三角形的边长是 2，它们左边的三角形边长是 3，下面的三角形边长是 4，左下方的三角形的边长是 5，右下方的三角形的边长是 7，它的右上方的三角形的边长是 9，最上方的三角形的边长是 12。这些三角形的顶点连起来成为一条螺旋线。这些边长数字 1，1，1，2，2，3，4，5，7，9，12，…构成了所谓的帕多瓦数列，它们后项除以前项的商也构成了一个数列：$\frac{3}{2}$，$\frac{4}{3}$，$\frac{5}{4}$，$\frac{7}{6}$，…，将会逐渐逼近 1.324…，这个数被称为塑料数。

黄金矩形

黄金矩形

“黄金比率”的神话有许多狂热追随者，他们认为，最漂亮的矩形是宽度为 1，长度为 1.618…，这就是所谓的黄金比率。然而，乔治·马尔科夫斯基在 1992 年一篇著名的题为“对黄金比率的误解”的文章中就用到了这幅画，认为几乎没有这样的联想。事实上，在随机生成的矩形中，似乎没有客观的“最美丽的”的矩形可以一眼挑出来，只要矩形不是太厚、太薄或太方正就可以认为比较美观。毕竟，美观是一个非常主观的概念。在这些矩形中，你眼中最美的“矩形小姐或矩形先生”是第一排左起第六个，还是第三排左起第一个？

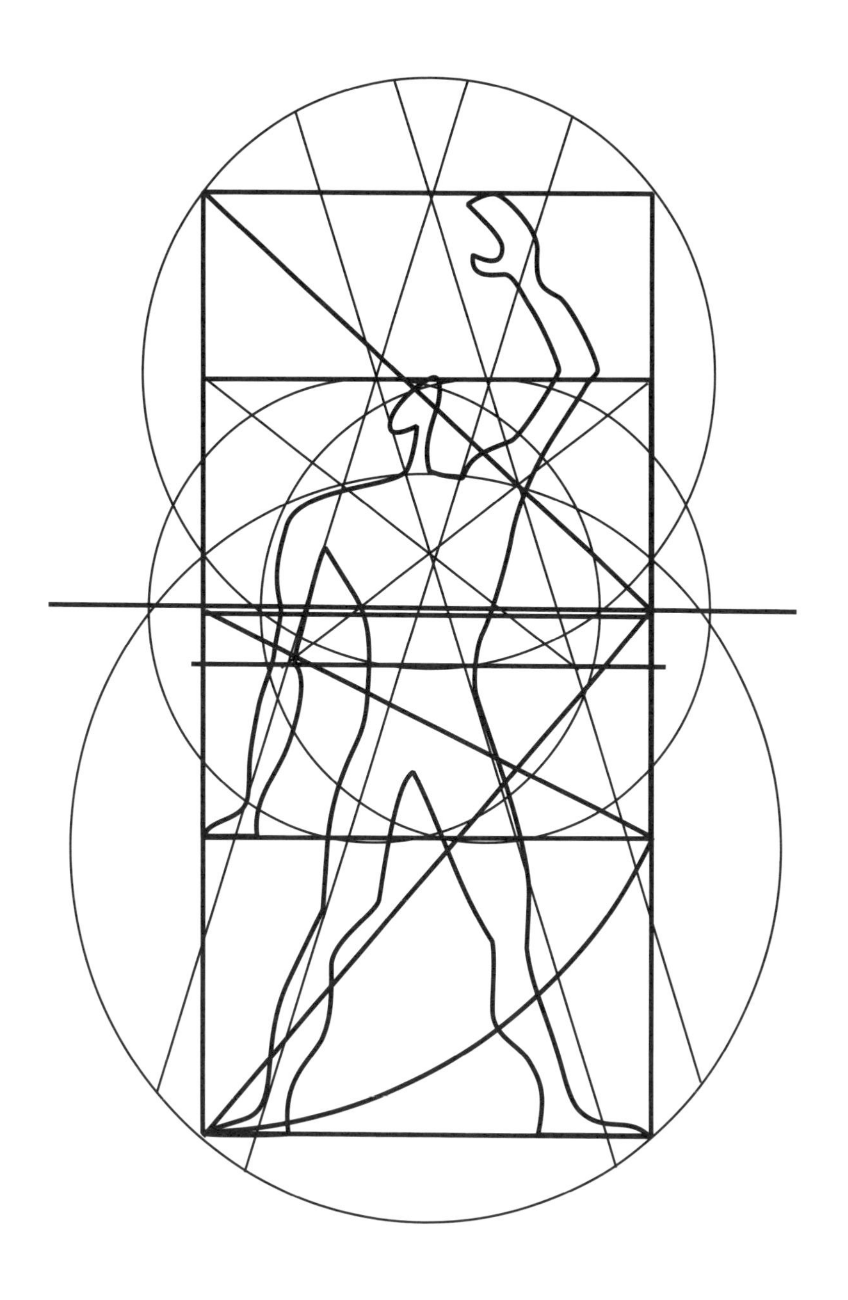

勒·柯布西耶的执念

勒·柯布西耶的执念

勒·柯布西耶是黄金比率神话的支持者。这是他所谓的理想身材的“苏格兰警察”。从脚到头是一个宽为1，长为1.618的“黄金矩形”。勒·柯布西耶还认为，从脚到举起的手的顶部的矩形将会是一个宽度为1，长度为2的矩形，但实际上并不是这样。图中加上的那些圆圈和斜线，无非是想让事情变得更神秘而已。

9

圆

生命之花

生命之花

图案的中心是一个被 6 个圆圈所包围的圆，它们又再次被 12 个圆圈所包围。这个图案总共包含 19 个相交的圆，它还可以扩展到 37，61，91，127 个甚至更多的圆。有人将这种图案称为“生命之花”。从罗马时代开始，在不同的文化中，在各种艺术环境中，从列昂纳多·达·芬奇到酷玩乐队，它都被作为美的象征得到赞颂。

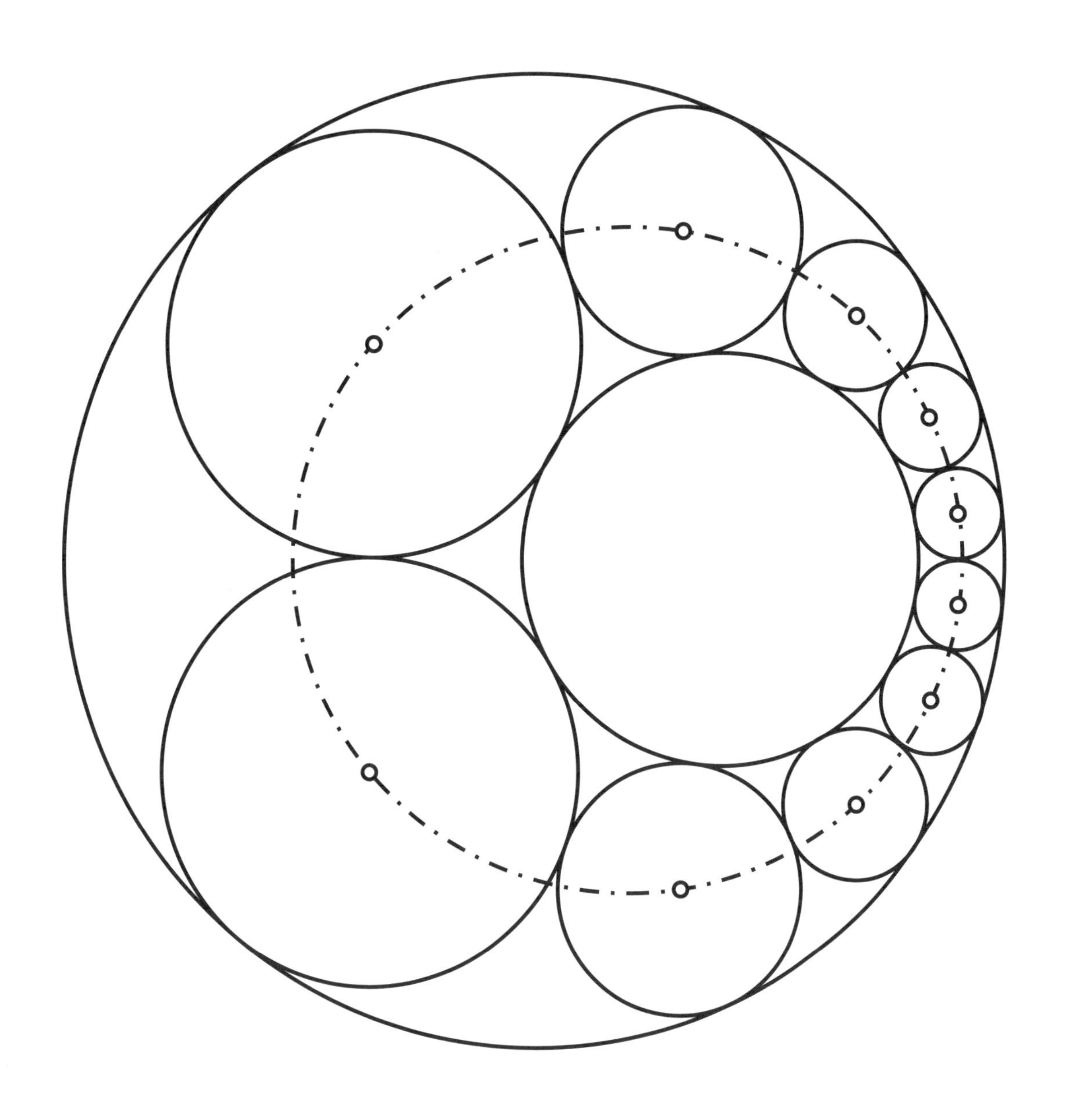

斯坦纳的珠链

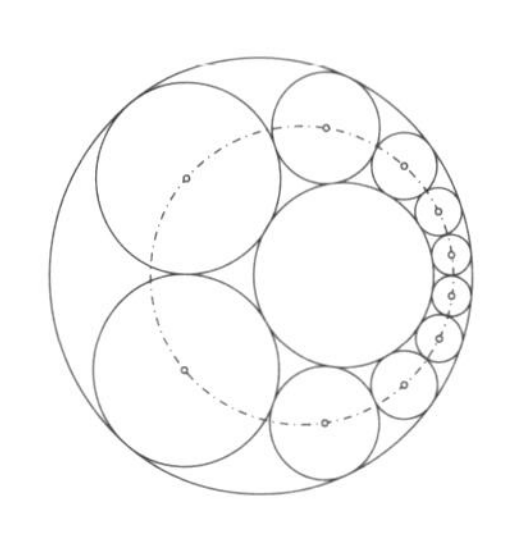

斯坦纳的珠链

在这个图形中，有 10 个圆圈两两相切成了一串珠链的形状，并且它们都在同一个大圆中并与之相内切，同时它们在内部还与另一个小一些的圆相外切。请注意，这串珠链中圆的圆心用点画线相连，形成了一个椭圆，在这幅图中，这个椭圆几乎就是一个圆。瑞士数学家斯坦纳在 19 世纪研究了这个珠链图案。

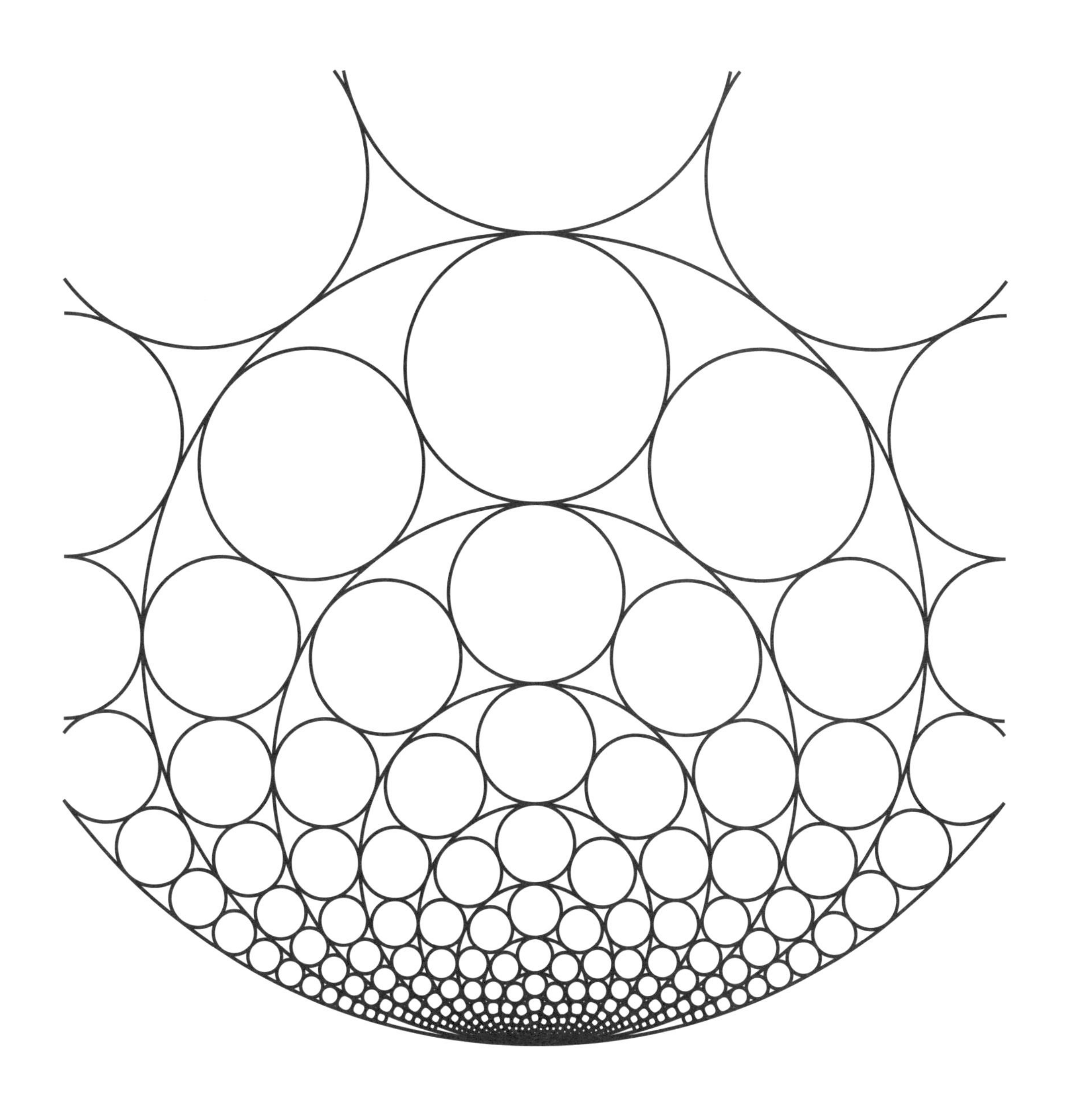

帕普斯的珠链

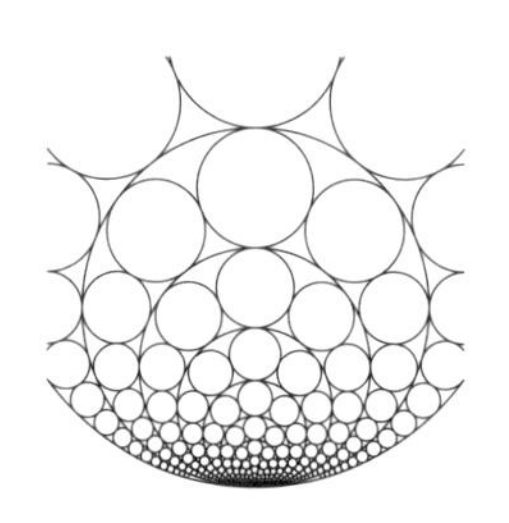

帕普斯的珠链

图中最大的圆，我们只能看到它的一部分，在它底部的中点上，有其他越来越小的圆都在此与大圆相切，而在这些圆之间也有一些不同大小的圆两两相切嵌套在其中，形成珠链状。亚历山大的数学家帕普斯早在公元 3 世纪就研究过它们。

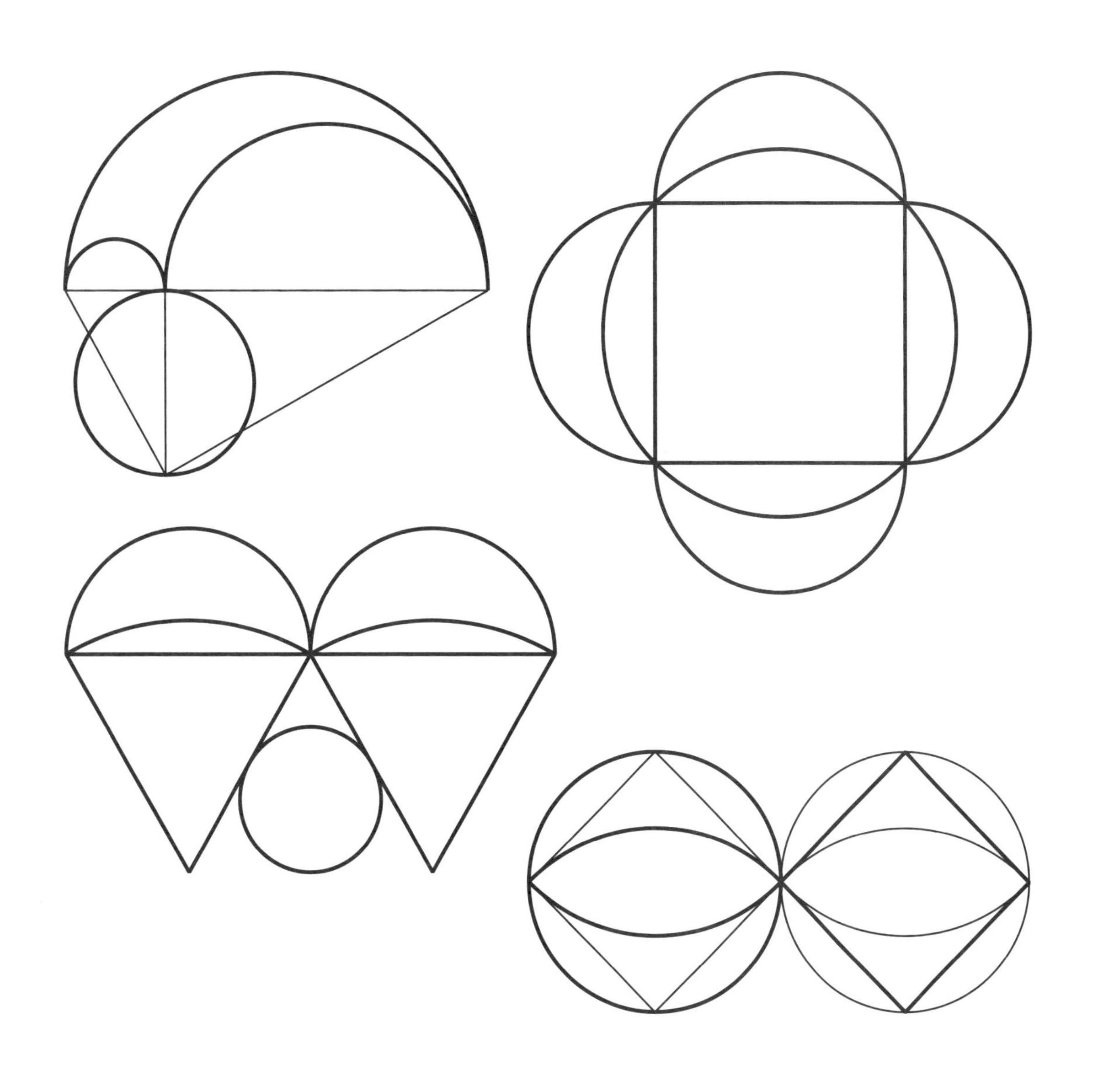

圆的近似正方形

将面积相同的图形涂成相同的颜色

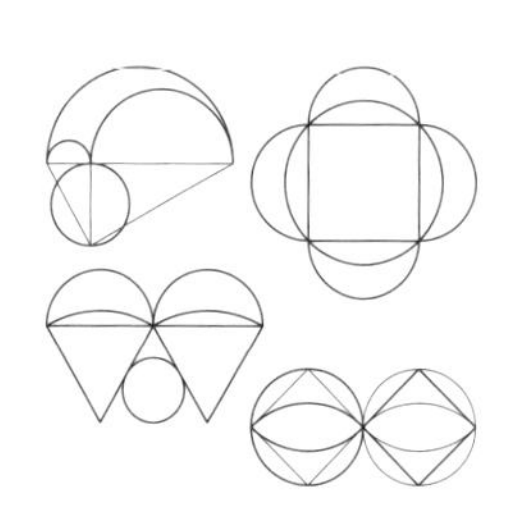

圆的近似正方形

两千多年前的“化圆为方”问题，要求只用圆规和直尺，在有限的步骤内画出一个与已知圆的面积相同的正方形，这已经被证明是不可能的。但从这里展现的情况看，它似乎就要成功了。

在左上角的图中：由 3 个圆弧所包围的新月形的面积等于它下面的圆的面积。

在右上角的图中：4 个月牙形的面积加在一起等于正方形的面积。

在左下角的图中：2 个三角形面积之和等于圆面积加上两个月牙形面积之和。

在右下角的图中：2 个月牙形面积之和等于内接于它们的正方形的面积。

日本定理

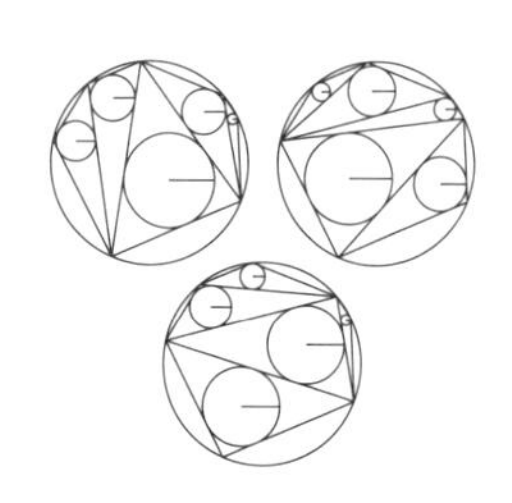

日本定理

在已知圆上绘制一个内接多边形。你可以用任何方式将这个多边形分割成三角形，并在每个三角形中画一个尽可能大的圆（称为内接圆）。这个定理指出：无论你如何划分三角形，对应形成的这些圆的半径之和都是相同的。图中的 3 个例子，将同一多边形按不同方式划分成三角形，并画出了相应的内切圆。这 3 个大圆中所有小圆的半径之和都是相同的。

10

毕达哥拉斯定理

毕达哥拉斯定理的代数证明

用拼图来证明毕达哥拉斯定理

欧几里得对毕达哥拉斯定理的证明

毕达哥拉斯定理的延展

分形毕达哥拉斯树

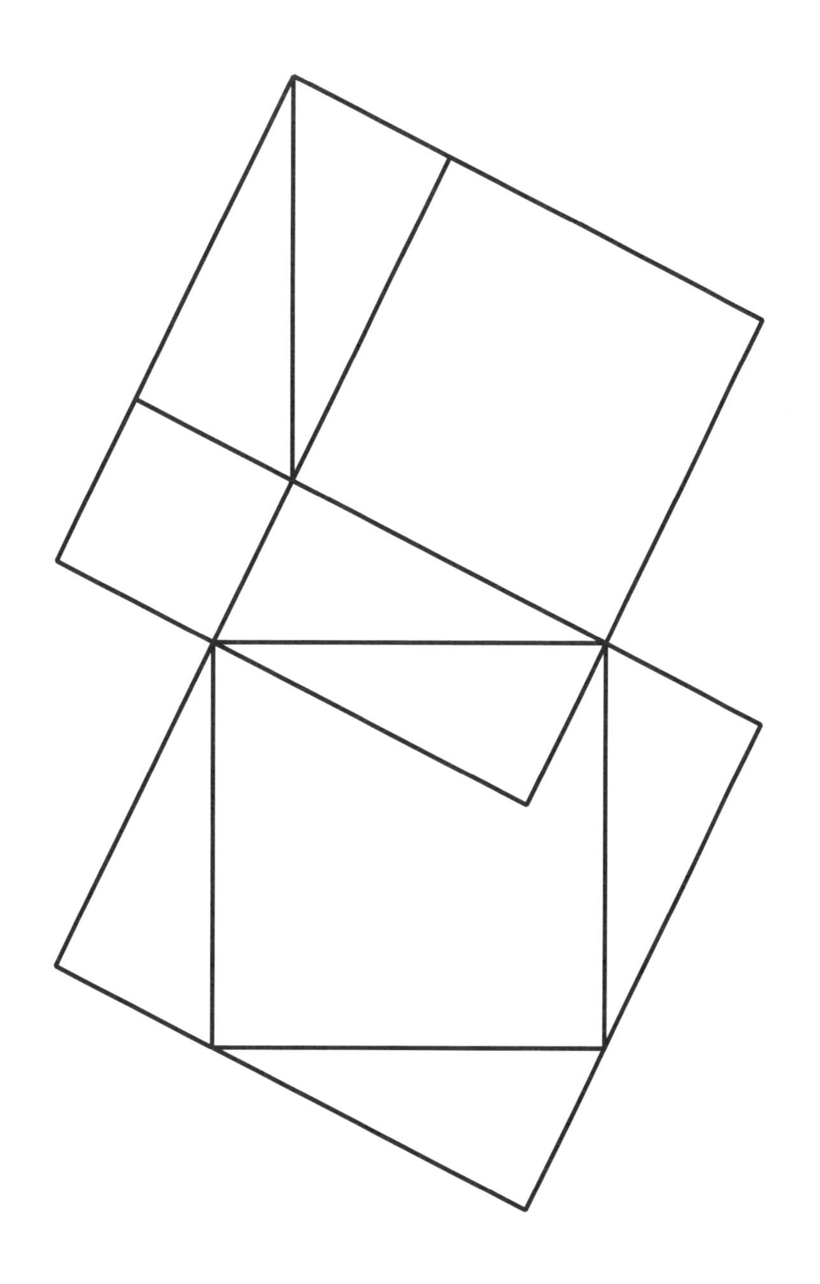

毕达哥拉斯定理的代数证明

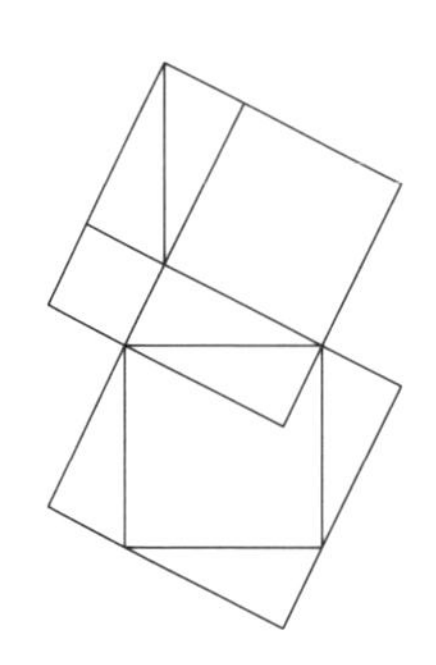

毕达哥拉斯定理的代数证明

在图中我们看到 7 个完全相同的直角三角形。它们的边从小到大排列都是 a, b 和 c。还有 2 个边长为 $a+b$ 的大正方形。上面的大正方形包含了4 个直角三角形、一个面积为 a^2 的正方形和一个面积为 b^2 的正方形。而下面的大正方形包含了4 个直角三角形和一个面积为 c^2 的正方形。因此 $a^2+b^2=c^2$（这就是毕达哥拉斯定理）。请注意，上面的大正方形可以用另一个公式表示：$(a+b)^2=a^2+2ab+b^2$。

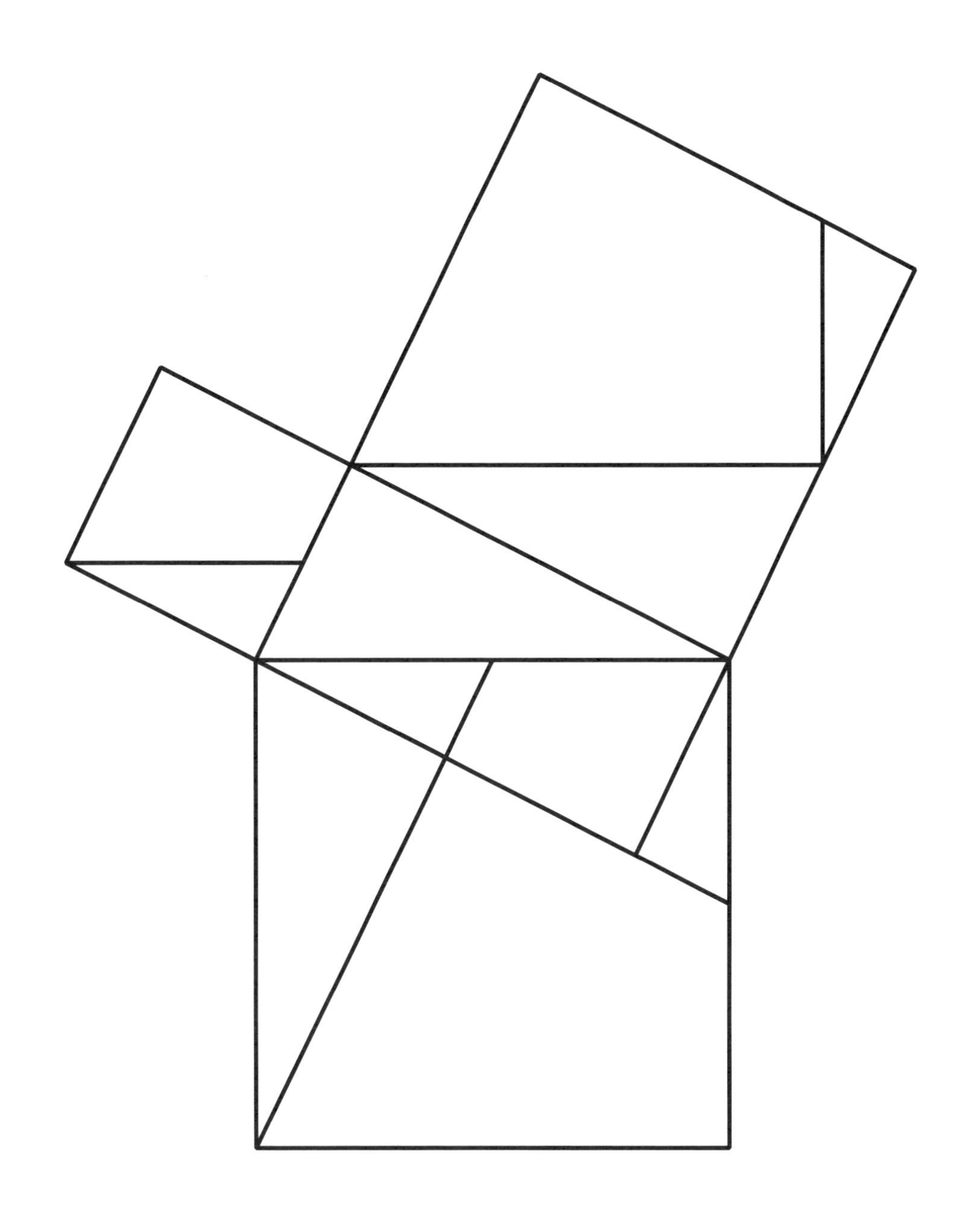

用拼图来证明毕达哥拉斯定理

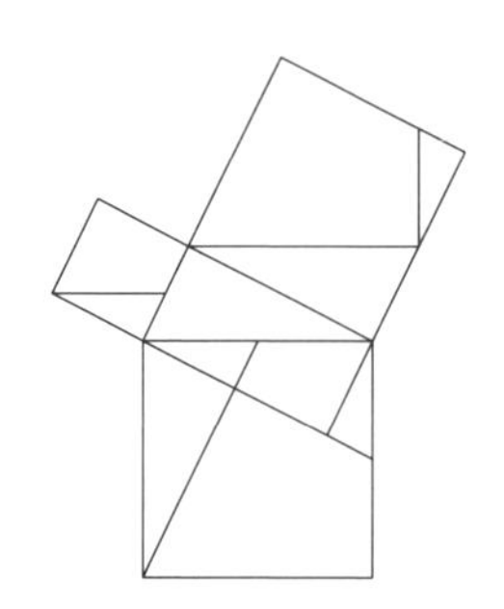

用拼图来证明毕达哥拉斯定理

将左上角的小正方形切割成一个直角三角形和一个斜四边形。将右上角的正方形切割成一个直角三角形（它全等于小正方形中的三角形），另一个直角三角形和一个有两个直角的四边形。你可以用这些碎片来拼图。它们拼在一起刚好组成了底部的大正方形。

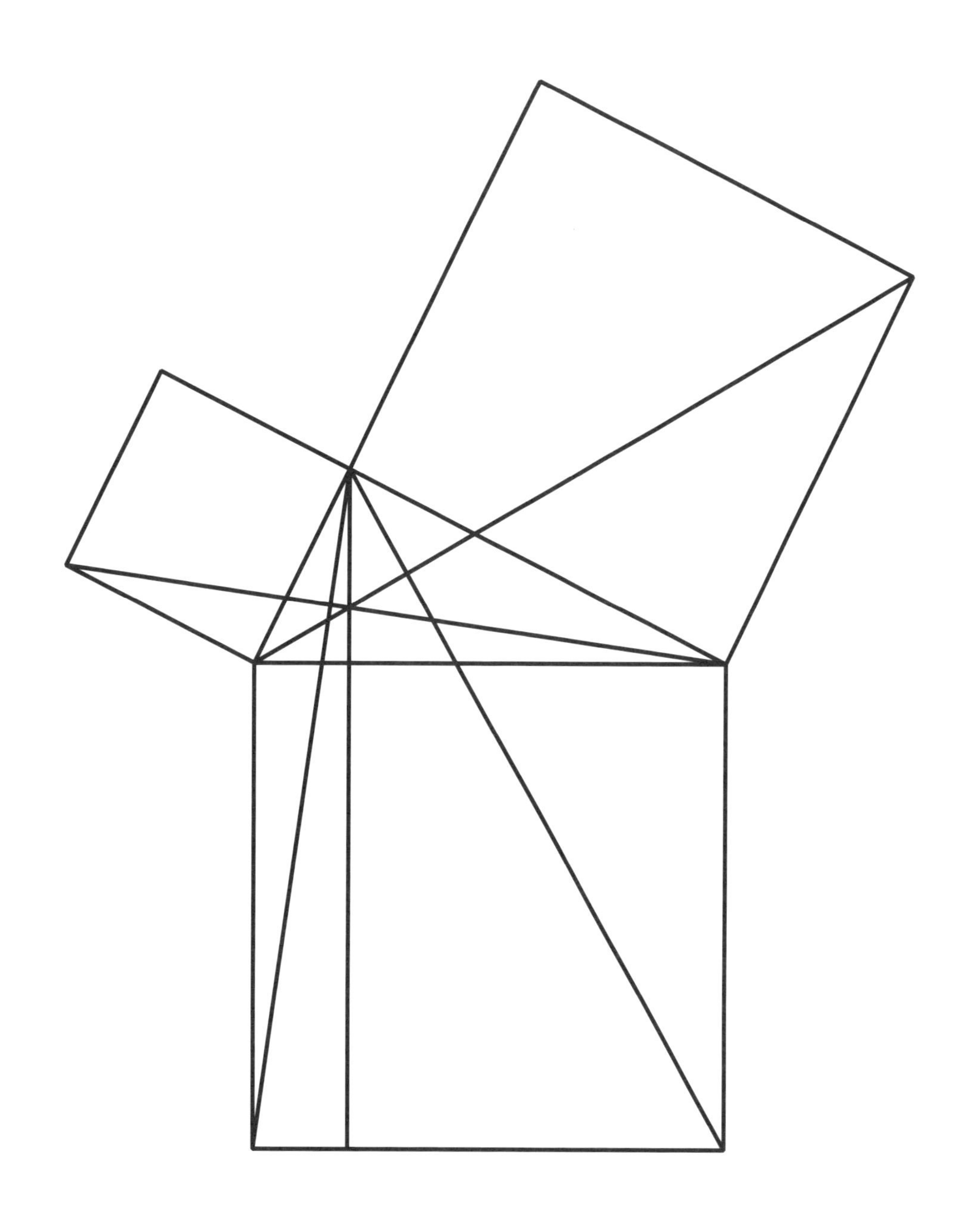

欧几里得对毕达哥拉斯定理的证明

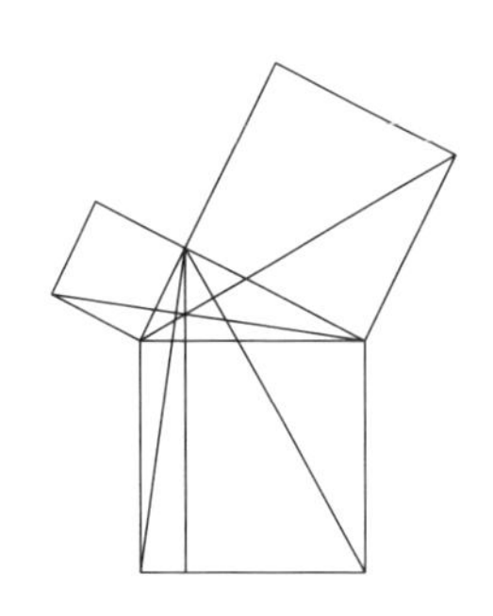

欧几里得对毕达哥拉斯定理的证明

从中央的直角三角形的直角顶点，作一条垂线到大正方形的底部。这条线把底部的大正方形分割成了两个矩形。欧几里得指出：图中上面的两个小正方形的面积分别是与该正方形同边的钝角三角形面积的两倍，这样他就证明了大正方形左边的矩形与左上角的正方形具有相同的面积，右边的矩形与右上角的正方形具有相同的面积。

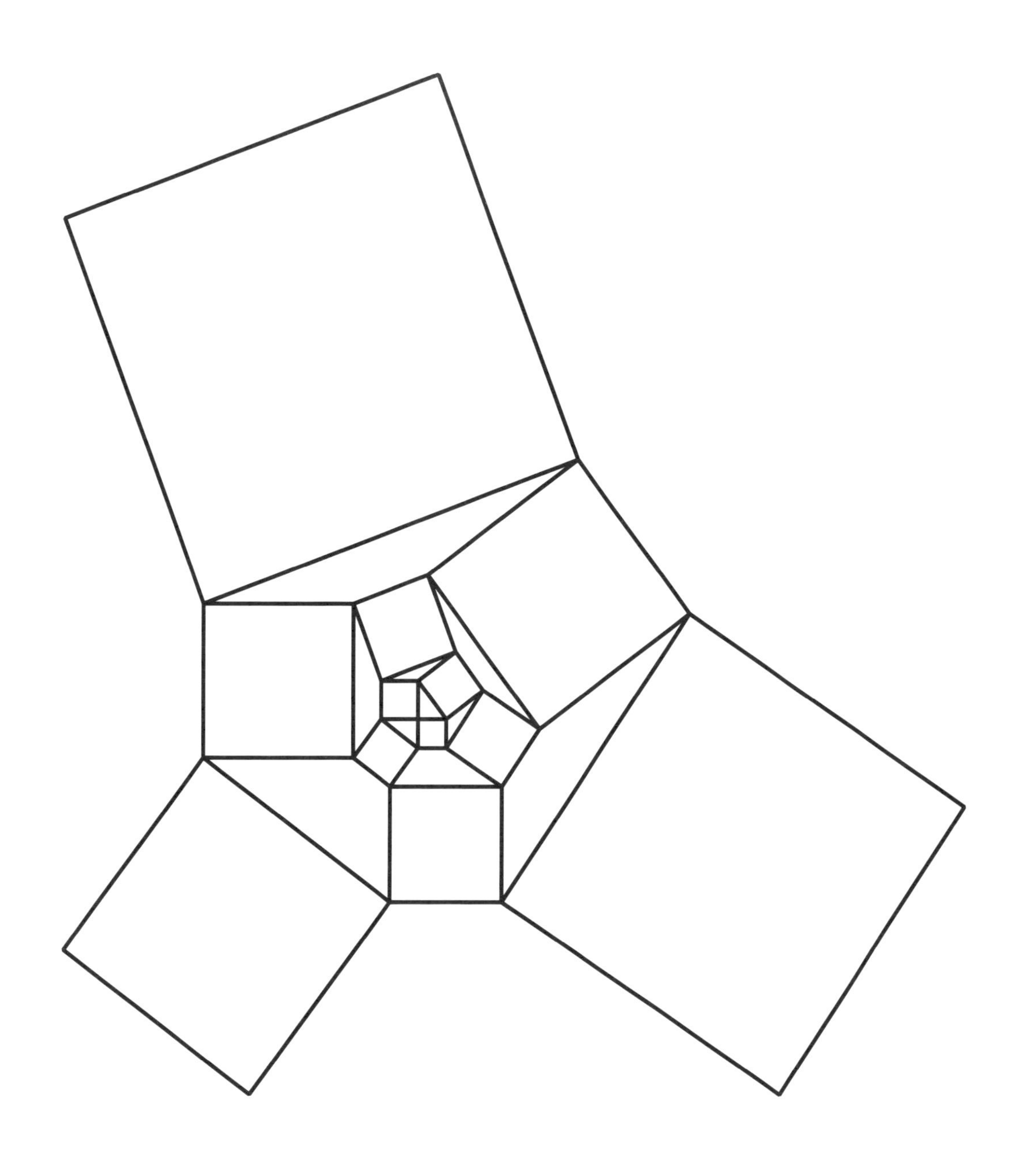

毕达哥拉斯定理的延展

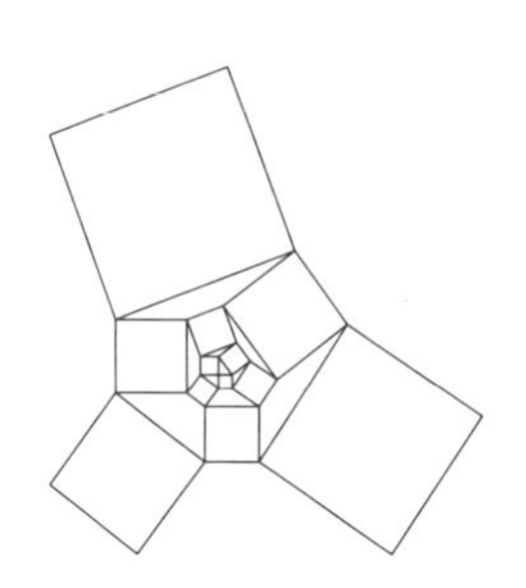

毕达哥拉斯定理的延展

日本数学家蛭子井博孝指出：对于中间的小直角三角形，毕达哥拉斯定理 $a^2+b^2=c^2$ 成立。在这个三角形周围的 3 个正方形的顶点连线可以生成 3 个较大的正方形。其中两个大三角形的面积之和是第三个小正方形面积的 5 倍。在图中，这个过程又继续一次。第二组正方形的顶点生成更大的 3 个正方形。第三组正方形的面积再次满足经典的毕达哥拉斯定理。你可以再次在这些正方形上画出新的正方形，其中两个大正方形（最上面的最大正方形和最右边的正方形）的面积之和是第三个正方形（左下方的小正方形）面积的 5 倍。

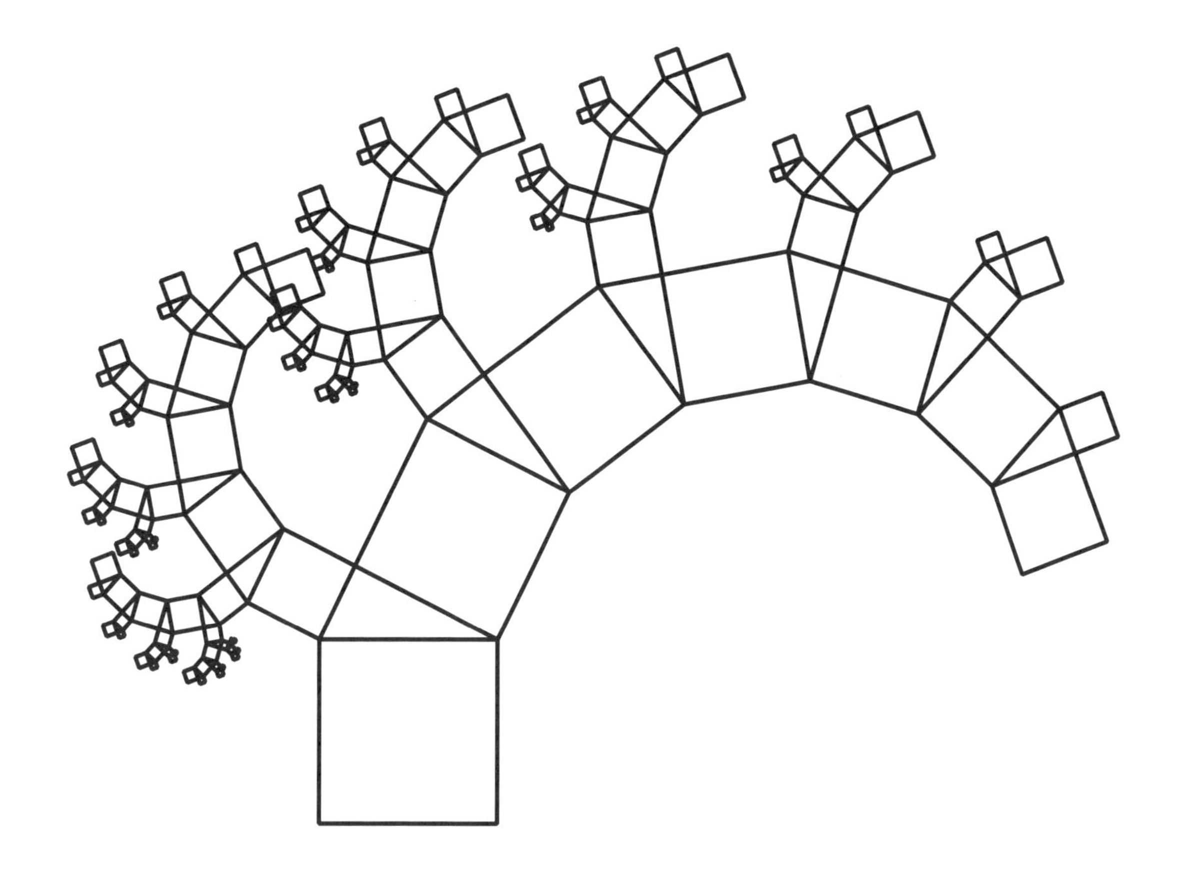

分形毕达哥拉斯树

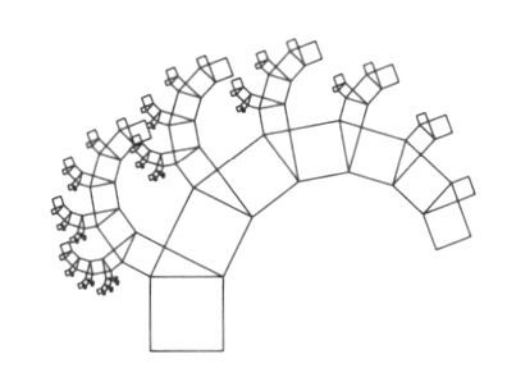

分形毕达哥拉斯树

在底部的正方形上放置一个直角三角形，它的斜边与该正方形的上部重合。在直角三角形的直角边又可以延伸出两个较小的正方形。在这些正方形上又连接有直角三角形，再延伸出两个正方形……本图显示了6个步骤，最后呈现出了一种树状结构，在底部最大的正方形形成了树的主干。

11

著名的几何定理

莫雷定理

笛沙格定理

三角形的内切圆和外切圆

帕斯卡定理

布里昂雄定理

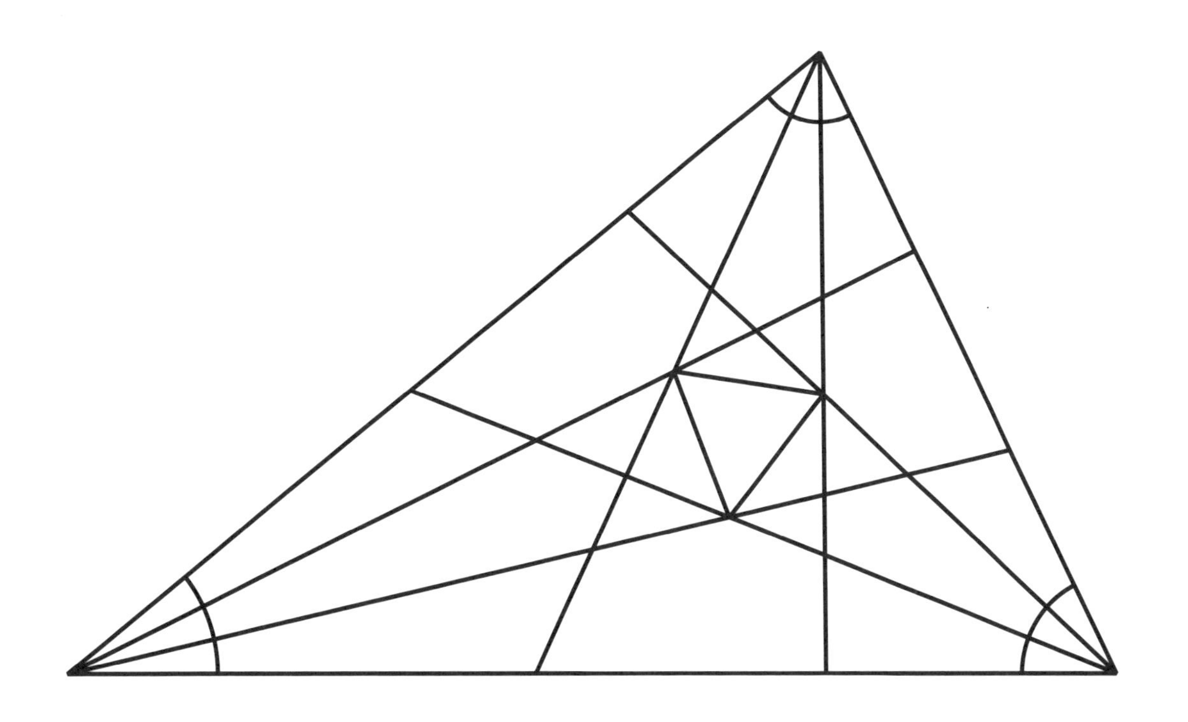

莫雷定理

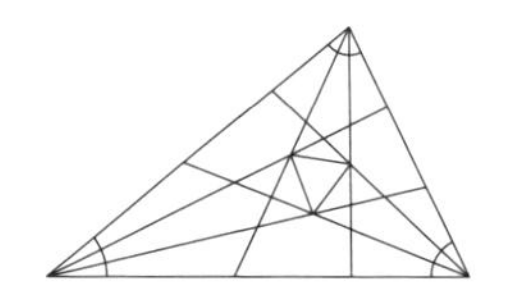

莫雷定理

在任意一个三角形的每个角画出三等分角线，即将每个角分成 3 个相等的角的直线。它们在三角形中产生了 12 个交点，其中有 3 个形成了一个正三角形的顶点。这里要把一个角分成 3 个相等的部分，你可以使用量角器等工具。仅用圆规和直尺，你是无法在有限的步骤内三等分一个角的。

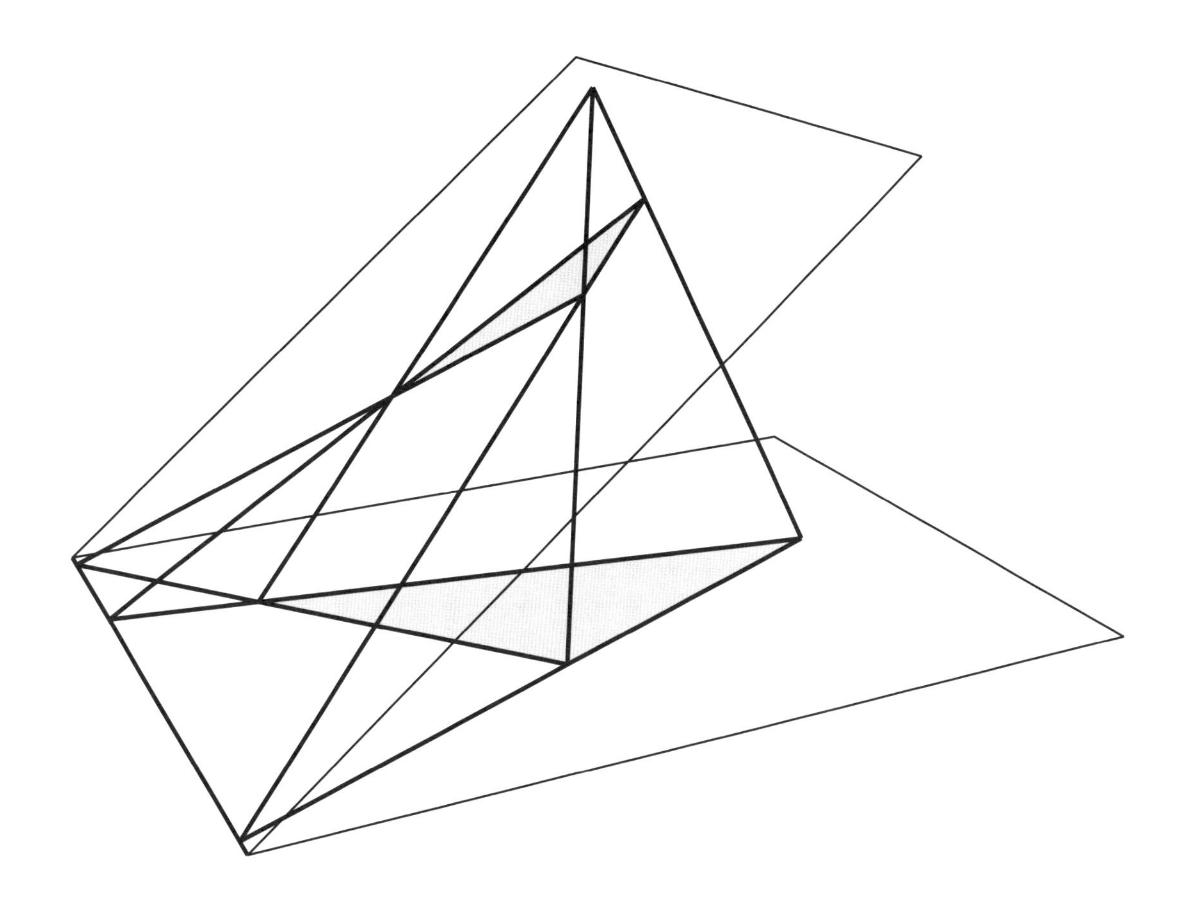

笛沙格定理

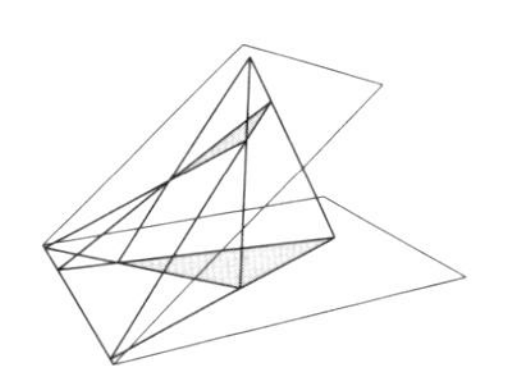

笛沙格定理

你可以把这幅画看作是一个完全的平面图形。两个灰色三角形的顶点连线相交于同一个点(图中最高点)。这些灰色三角形的边延长后相交，3 个交点位于同一直线上(图中左侧)。

你也可以把这幅画解释为一个空间结构。那么你可以在其中看到一个金字塔(四面体)，其中最大的灰色三角形是地平面，最高点是顶点。小的灰色三角形是有点倾斜的横截面。

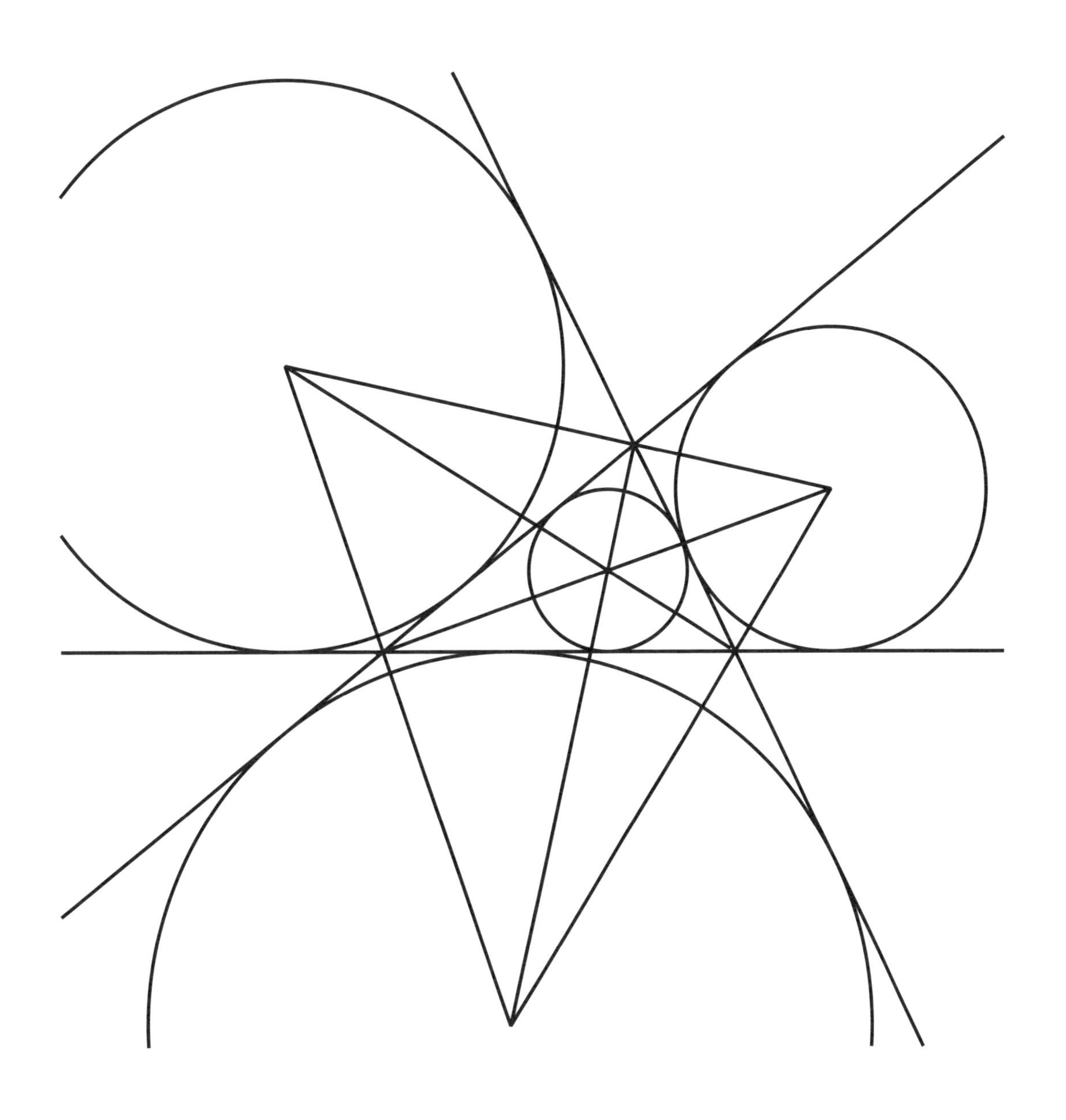

三角形的内切圆和外切圆

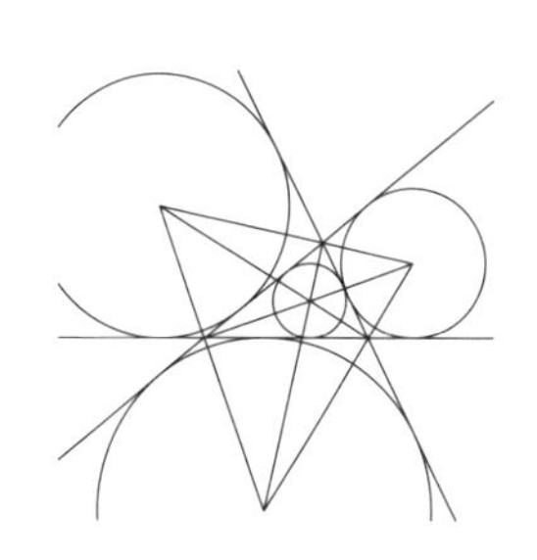

三角形的内切圆和外切圆

看看中间的小三角形，它的 3 条边被延长到了图片的边缘。在那个三角形里面有一个内切圆，这个圆与三角形的 3 条边刚好相切。还有 3 个外切圆，它们与同一个三角形的一条边相切，还与另外两条边的延长线相切。把这 3 个圆的圆心相连，这些连接线通过原三角形的顶点。

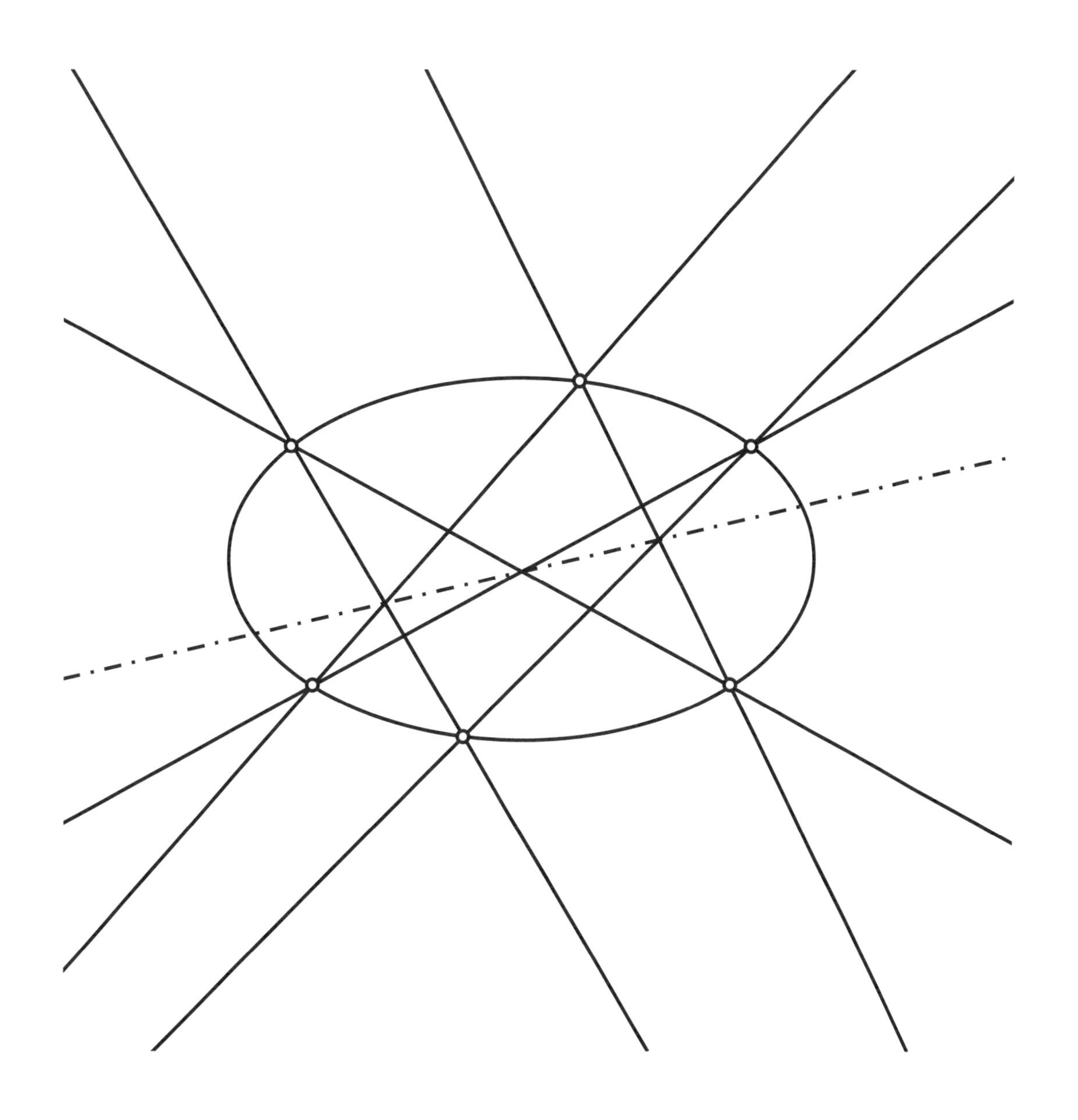

帕斯卡定理

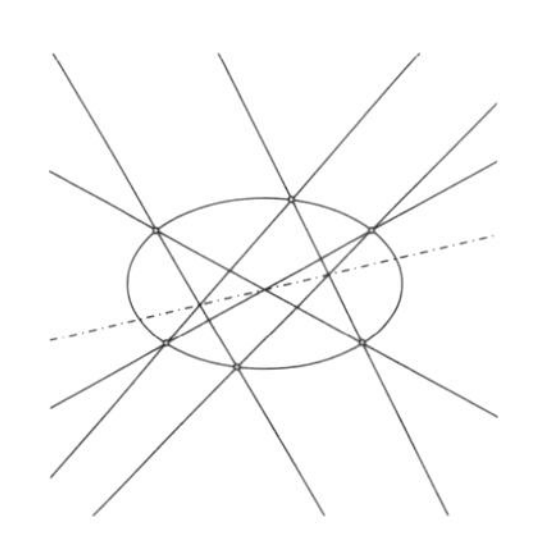

帕斯卡定理

在椭圆上有任意 6 个点。从一个顶点到另外的顶点连线，直到回到起点，连接它们得到 6 条线，其中的第一条和第四条、第二条和第五条、第三条和第六条连线的交点一定在同一条直线（图中点画线）上。

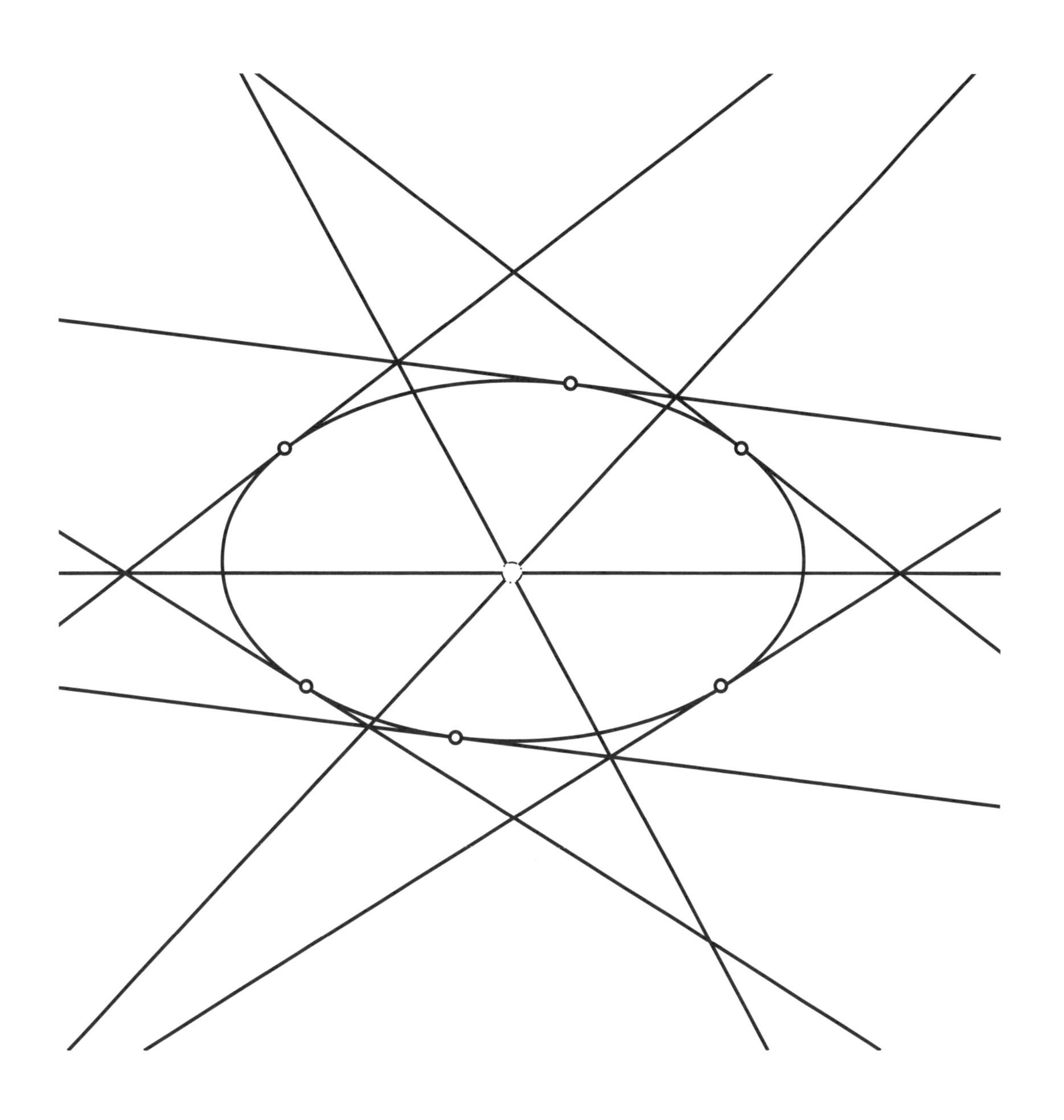

布里昂雄定理

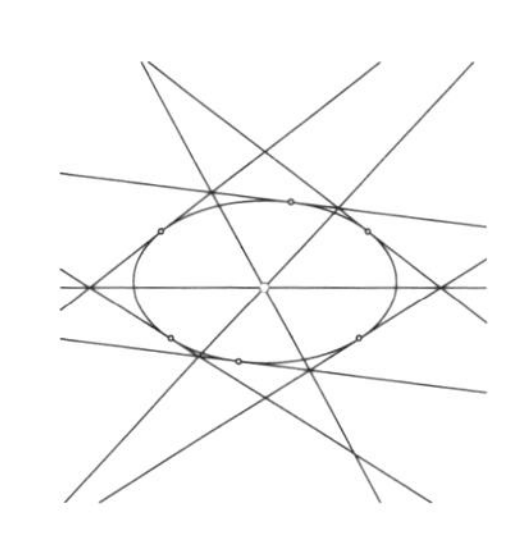

布里昂雄定理

与上图相同，椭圆上有 6 个点，在每个点上画出椭圆的切线。一条切线和下一条切线会产生一个交点。连接第一和第四交点，第二和第五交点，第三和第六交点产生了 3 条连线，这 3 条连线一定相交于一点（就是图中最中心的点）。

12

数字探秘

误导性的斐波那契数

自然的三次方数列之和

埃拉托色尼的筛法

π和22/7的前100位数字

欧拉公式

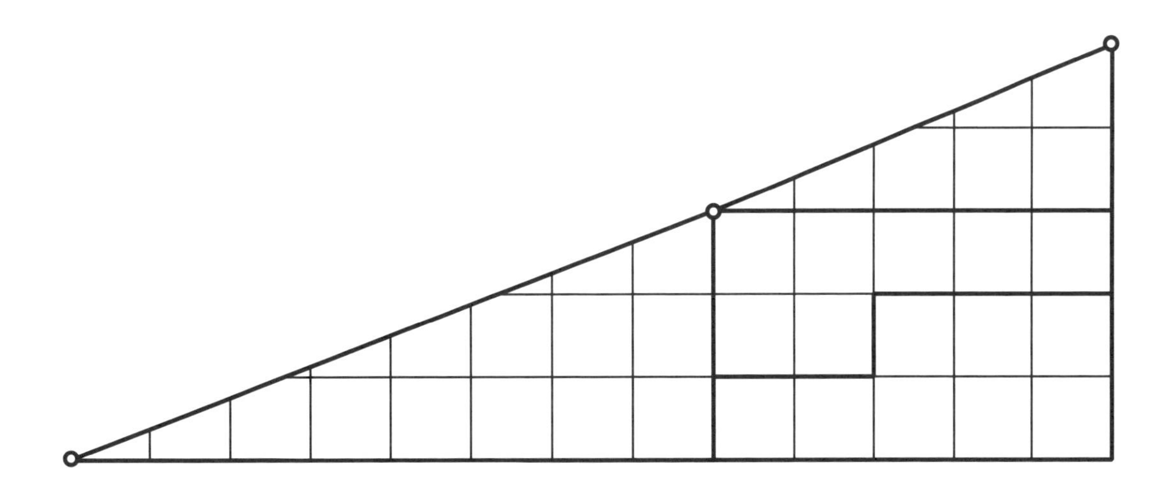

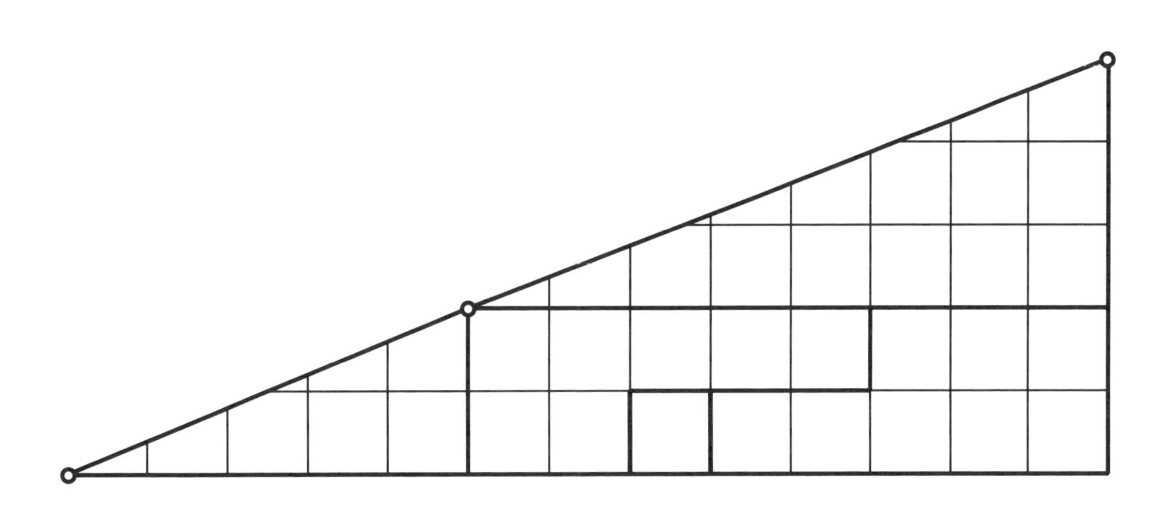

误导性的斐波那契数

将边长为2，5和3，8的三角形和面积相同的L形图形涂成相同的颜色，32=33吗?

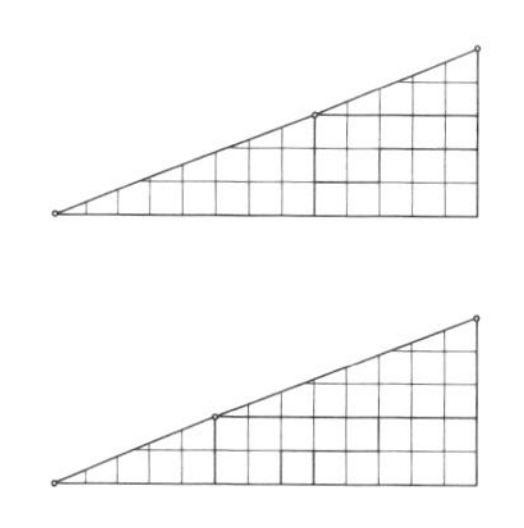

误导性的斐波那契数

在这两个大三角形中，都有两个直角二角形，其边长分别为2，5和3，8，只是它们的位置不同。我们还看到在其中的一些L形的图块，它们的边长都是斐波那契数列中的数字：1，1，2，3，5，8。上面这个大三角形有24个完整的正方形，而下面的三角形则有25个完整的正方形。两个三角形都包含16块碎片，它们刚好凑成8个正方形，这样问题就来了：32等于33吗？

你还可以直接计算两个大三角形的面积。边长为2和5的直角三角形面积为5，边长为3和8的直角三角形的面积为12。加上各自的L形的图块面积，上面的大三角形面积为：5+12+7+8=32，下面的大三角形的面积为：5+12+7+9=33。

问题在于，两个大三角形的“斜边”上的3个圆点并不在一条直线上。这条线有一点轻微的转折，只要用一把直尺比对一下就能看出来。所以这两个大“三角形”根本不是三角形，它们的面积也不相等。这是一个有名的谜题，显示了图形可能误导你的眼睛。仅仅依靠涂色并不能完全解决数学问题，推理仍然是最重要的！

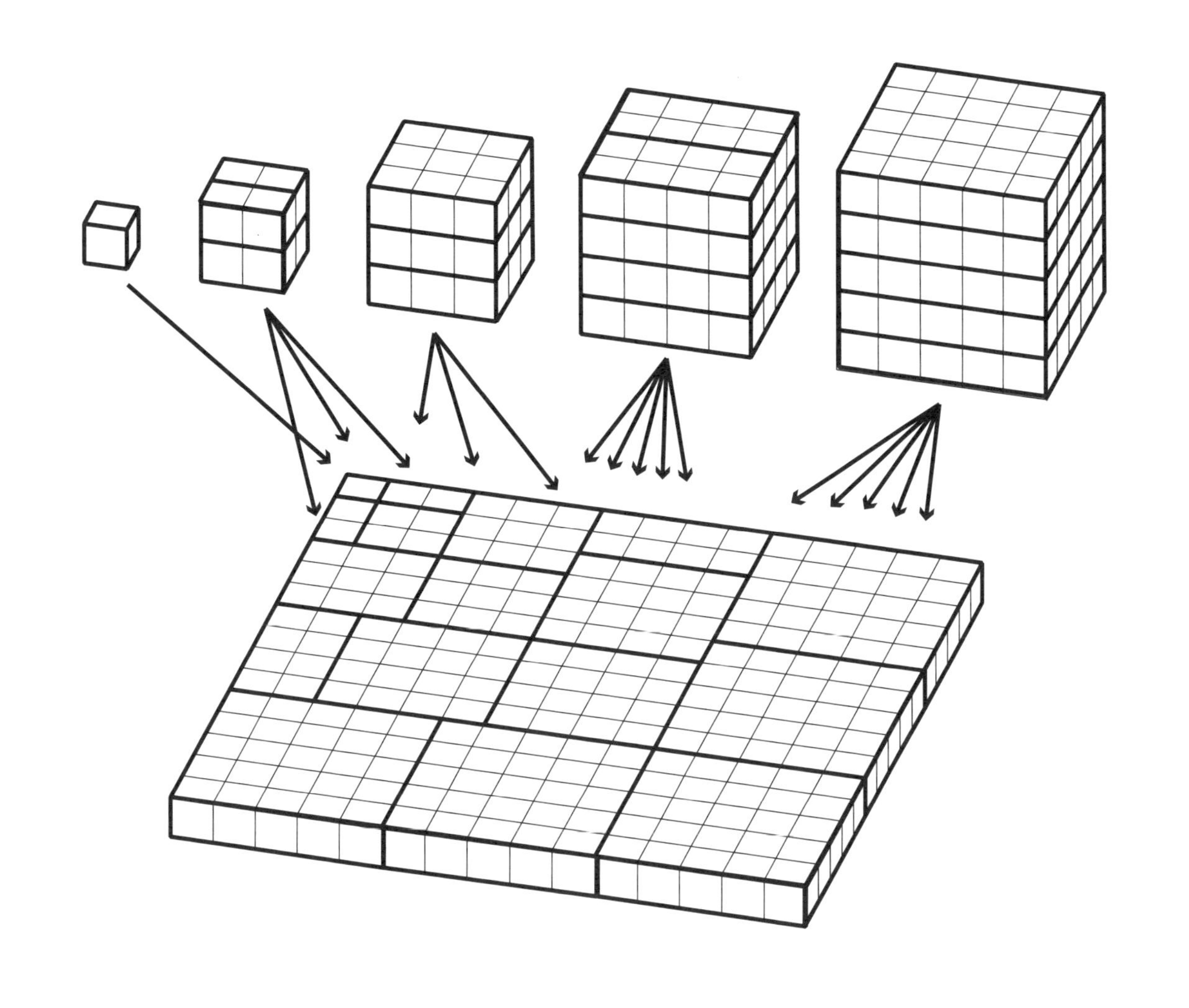

自然的三次方数列之和

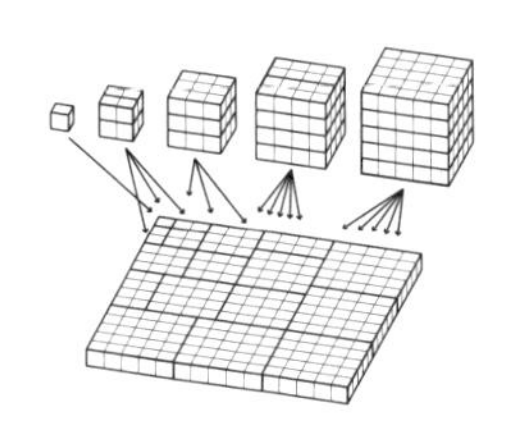

自然的三次方数列之和

自然数三次方之和，例如$1^3+2^3+3^3+4^3+5^3=225$，而这些数字之和的平方为$(1+2+3+4+5)^2=225$，两者完全相等。这在一般情况下都是成立的，不管你把这些和式延续多长。

1	2	3	4	5	6	7	8	9	10
11	12	13	14	15	16	17	18	19	20
21	22	23	24	25	26	27	28	29	30
31	32	33	34	35	36	37	38	39	40
41	42	43	44	45	46	47	48	49	50
51	52	53	54	55	56	57	58	59	60
61	62	63	64	65	66	67	68	69	70
71	72	73	74	75	76	77	78	79	80
81	82	83	84	85	86	87	88	89	90
91	92	93	94	95	96	97	98	99	100

埃拉托色尼的筛法

给一个数的倍数涂色，但该数本身不涂色。从最小的数字开始

（比如 2 不涂色，4，6，8，…涂色；3 不涂色，6，9，…涂色；

4 不涂色，8，12，…涂色；5 不涂色，10，…涂色；以此类推）

这样有的数可能多次被涂色，有的则始终没被涂色，始终没被涂色的数字就是质数。

1	2	3	4	5	6	7	8	9	10
11	12	13	14	15	16	17	18	19	20
21	22	23	24	25	26	27	28	29	30
31	32	33	34	35	36	37	38	39	40
41	42	43	44	45	46	47	48	49	50
51	52	53	54	55	56	57	58	59	60
61	62	63	64	65	66	67	68	69	70
71	72	73	74	75	76	77	78	79	80
81	82	83	84	85	86	87	88	89	90
91	92	93	94	95	96	97	98	99	100

埃拉托色尼的筛法

埃拉托色尼（公元前3世纪）设计了这种方法来寻找质数。一个质数是一个自然数，它有且只有两个不同的除数。因此，数字1不是一个质数，因为它只有自己是除数，但数字2是质数，因为1和2都是2的除数。数字4不是一个质数，因为它有3个除数：1，4和2。用筛法寻找2到100之间的质数，最后会得到：2，3，5，7，11，13，17，19，23，29，31，37，41，43，47，53，59，61，67，71，73，79，83，89，97。

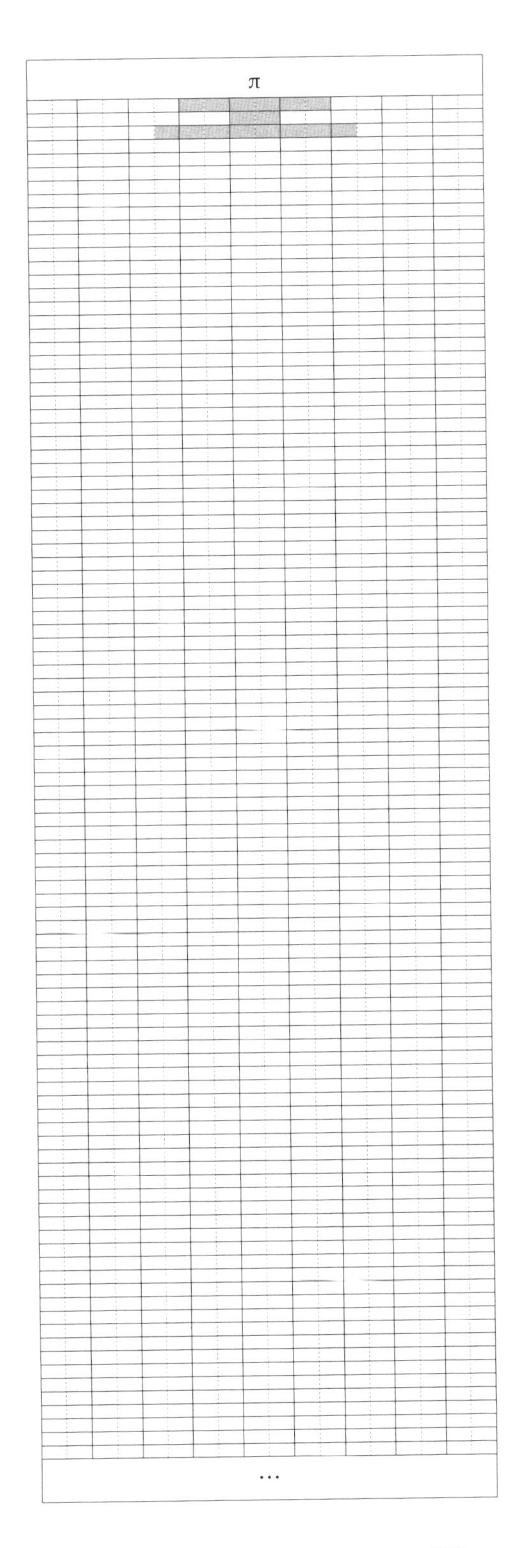

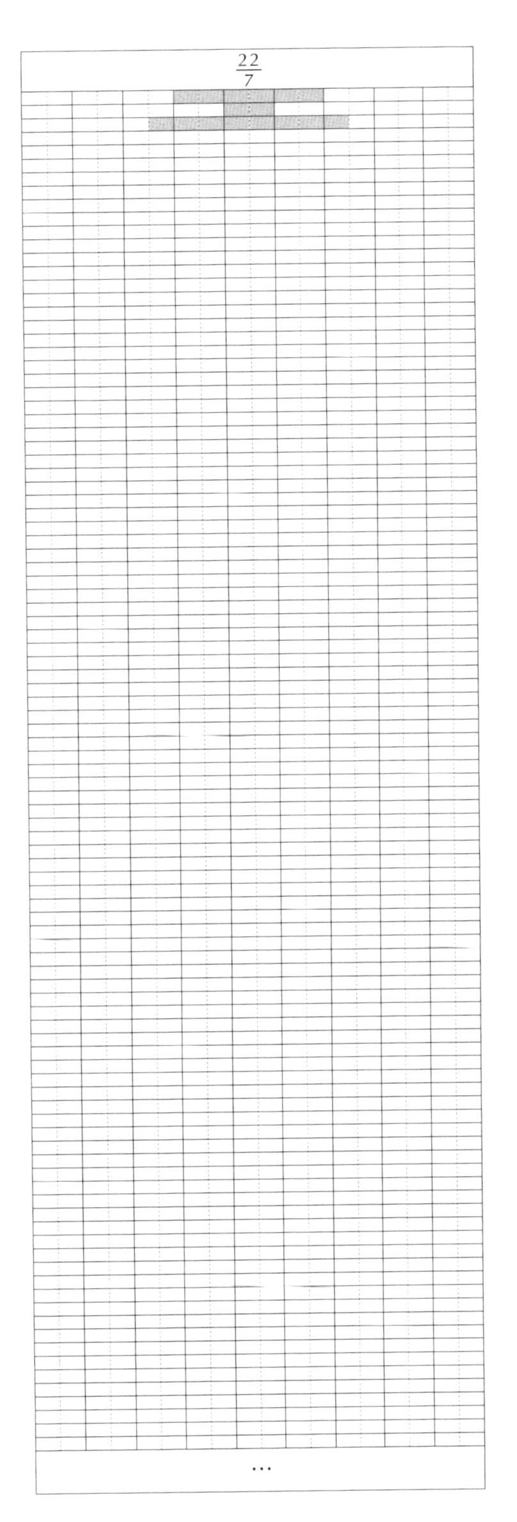

π和$\frac{22}{7}$的前100位数字

π 和$\frac{22}{7}$的前 100 位数字

π＝3.14159265358979323846264338327950288419716939937510 58209749445923078 16406286208998628034825342117067…

$\frac{22}{7}$＝3.142857142857142857142857142857142857142857142857142 8571428571428571 42857142857142857142857142857142…

自2020年3月14日（π 日）起，在比利时奥斯坦德的布尔格公园开放了一条用黑色和红色地砖铺就的小道，小道中间的每行地砖的宽度与圆周率 π 的小数数字相对应。虽然数字 π 可以由简单的公式得出，但 π 的十进小数却没有像“墙纸”那样的周期性循环模式——目前已知的 π 的位数中都没有出现循环的现象。但是目前也还没有从数学上证明π 的小数是否真的像抽奖产生的随机数字一样无限地延续。

分数$\frac{22}{7}$是圆周率 π 的近似值，它在小数点后以6位为一组不断地循环。在前页中有两个网格，每个网格的前3行中间涂色的宽度对应着 π 和$\frac{22}{7}$的前3位数字，就像布尔格公园的 π 小道一样。请你按照上面的 π 和$\frac{22}{7}$前100位数字在147页涂色，形成 π 小道那样的路面。你能看出两个图案有什么不同吗？

布尔格公园的 π 小道

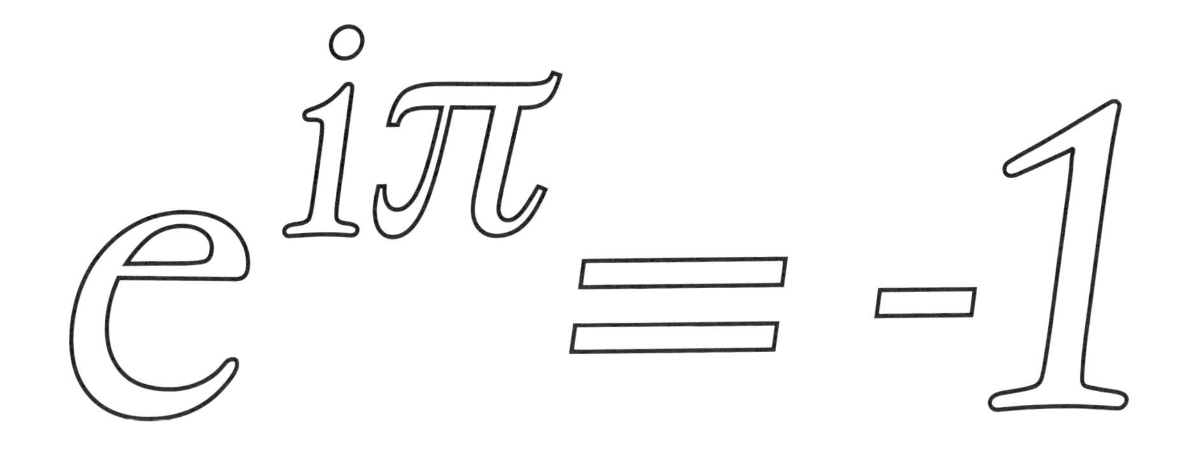

欧拉公式

$$e^{i\pi}=-1$$

欧拉公式

一本关于数学的书缺少了这个公式就不完美了，这个公式有着特别的美感。欧拉公式在民意调查或社交媒体上曾被评为“最美的数学公式”，因为它包含4个重要的数字：欧拉数e；i，它是-1的平方根，虚数的单位，也来自欧拉；圆周率π；还有-1。